新时代乡村振兴丛书

付新亮◎主编

实用鸡病
诊断与防治

U0754696

SPM 南方传媒 广东科技出版社
全国优秀出版社

·广州·

图书在版编目（CIP）数据

实用鸡病诊断与防治 / 付新亮主编. -- 广州：广东科技出版社，2025.1. --（新时代乡村振兴丛书）.
ISBN 978-7-5359-8344-2

Ⅰ. S858.31

中国国家版本馆CIP数据核字第2024T02R93号

实用鸡病诊断与防治
Shiyong Jibing Zhenduan Yu Fangzhi

出　版　人：严奉强
责任编辑：尉义明
装帧设计：柳国雄
责任校对：于强强
责任印制：彭海波
出版发行：广东科技出版社
　　　　　（广州市环市东路水荫路11号　邮政编码：510075）
销售热线：020-37607413
https://www.gdstp.com.cn
E-mail: gdkjbw@nfcb.com.cn
经　　销：广东新华发行集团股份有限公司
排　　版：创溢文化
印　　刷：广州市东盛彩印有限公司
　　　　　（广州市增城区新塘镇上邵村第四社企岗厂房A1 邮政编码：510700）
规　　格：889 mm×1 194 mm　1/32　印张5.75　字数150千
版　　次：2025年1月第1版
　　　　　2025年1月第1次印刷
定　　价：26.00元

目录

第一章 鸡场疫病综合防控体系

一、鸡群疫病流行的基本环节和流行过程

动物传染病的一个基本特征是能在动物之间直接接触传染或间接地通过媒介互相传染，动物传染病的流行过程就是从个体感染发病发展到群体发病的过程，也就是传染病在动物群体中发生和发展的过程。与所有动物传染病的发生一样，鸡的传染病从鸡个体感染发病到群体发病的流行过程也需要三个阶段：病原体从已感染鸡体内排出；病原体在外界环境中停留，并经过一定的传播途径接触未感染的易感鸡群；病原体侵入易感鸡群从而形成新的感染，继而开始新一轮的传播与感染。由此可见，传染病在鸡群中的传播和流行，必须具备三个互相连接的条件，即传染源、传播途径和易感鸡群。这三个条件是鸡传染病流行过程的三个基本环节，当这三个条件同时存在并相互联系时，就会引起鸡群传染病的发生或流行。因此，掌握鸡传染病流行过程的基本条件及其影响因素，有助于我们制订正确的防疫措施，可通过切断鸡传染病流行的某个环节，从而控制鸡传染病的流行和蔓延。

（一）传染源

传染源是指有某种病原体在其中寄居、生长、繁殖，并能排出体外的活的动物机体。具体来说传染源就是受感染的鸡群，包括发病鸡和带菌（毒）鸡。病原微生物的生存需要一定的环境条件，而最适宜的环境条件就是有易感性的动物机体，病原微生物在感染易感动物后不但能够在其体内繁殖，还能持续排出体外，再经一定的

传播途径感染其他鸡群。鸡只受到病原微生物感染后可表现为患病或不发病但携带病原两种状态，因此，传染源可分为患病动物和病原携带者。

1. 患病动物

病鸡是主要的传染源，处于不同发病时期的病鸡，其作为传染源的意义也不相同。前驱期和症状明显期的病鸡能排出病原体且具有症状，尤其是在急性过程或者病情恶化阶段可排出大量毒力很强的病原体，因此，其作为传染源的意义也最大。处于潜伏期和恢复期的病鸡是否具有传染源的作用随病原体的种类不同而异，也可能有传染源的作用。

2. 病原携带者

病原携带者是指外表无症状但携带并能排出病原体的鸡只，包括带毒者、带菌者和带虫者等。病原携带者排出病原体的数量一般比发病鸡只少，但因为缺乏明显的临床症状而不易被发现，可能是重要且危险的传染源。如果检疫不严，病原体还可随动物的运输散播到其他地区，造成新的暴发或流行。

病原携带者一般分为潜伏期病原携带者、恢复期病原携带者和健康病原携带者三类。

（1）潜伏期病原携带者，指感染后至症状出现前能排出病原体的鸡只。在这一时期，大多数传染病的病原体数量还很少，而且一般没有具备排出条件，因此，不能起传染源的作用。但在少数传染病的潜伏期后期，病鸡能够排出病原体，并且具有一定的传染性。

（2）恢复期病原携带者，指在临床症状消失后仍能排出病原体的鸡只。一般来说，这个时期病原体的传染性已逐渐减弱或已无传染性，鸡只免疫力增强，但实际上有些鸡只虽然外表症状消失但病原尚未清除，病鸡仍能排出病原体，对于这种病原携带者应多次对其进行病原学检查，以确定其病原携带状态。

（3）健康病原携带者，指过去没有患过某种传染病却能排出该种病原体的鸡只。一般认为这是隐性感染的结果，通常只能靠实验室方法检出，这种携带状态一般持续时间很短暂，作为传染源的意义有限。但大肠杆菌、沙门氏菌和巴氏杆菌等病原体的健康病原携带者比较多，可能成为重要的传染源。

由于病原携带者存在间歇排出病原体的现象，因此，仅凭一次病原学检查的阴性结果不能得出正确的结论，只有反复多次的病原学检查均为阴性才能排除病原携带状态。消灭和防止引入病原携带者是传染病防治中的主要工作，对于传染病的防控具有重要意义。

（二）传播途径

病原体由传染源排出后，经一定方式再侵入其他易感鸡群所经的途径称为传播途径。传染病的传播途径比较复杂，每种鸡传染病都有其特定的传播途径。研究传染病传播途径的目的在于掌握其特点，掌握病原体的传播方式及各传播途径所表现出来的流行特征，以切断病原体继续传播的路径，防止病原体传播到易感鸡群中，从而控制鸡传染病的传播和流行，是鸡群传染病防控的重要环节之一。

病原体由传染源排出后，经一定的传播途径再侵入其他易感鸡群所表现的形式称为传播方式。传播方式可分为两大类：一类是水平传播，即传染病在鸡群或鸡个体之间以水平形式横向传播；另一类是垂直传播，即从亲代到其子代之间的纵向传播形式。

1. 垂直传播

一些鸡的传染病，如禽白血病、禽腺病毒感染、禽沙门氏菌病、鸡传染性贫血等的病原体可由蛋鸡卵细胞携带，从而使鸡胚在发育过程中受到感染。该传播方式可将母体携带的病原微生物传播给子代，雏鸡出壳即已经感染该病原，只能通过净化种鸡群的方式来防控这类病原。

2. 水平传播

水平传播包括直接接触传播和间接接触传播两种方式。

（1）直接接触传播。指病原体通过被感染的鸡（传染源）与易感鸡群直接接触（交配、啄咬等），不需要任何外界条件因素的参与而引起发病的传播方式。仅能以直接接触传播的传染病，其特点是一个接一个地发生，形成明显的连锁状。这种方式使传染病的传播受到限制，一般不易造成广泛的流行。

（2）间接接触传播。病原体通过传播媒介使易感动物发生传染的方式，称为间接接触传播。将病原体从传染源传播给易感动物的各种外界环境因素称为传播媒介。传播媒介可以是生物（如蚊虫、蚤等），也可以是一些物品（如料槽、饲料、运输车等）。大多数传染病如禽流感、新城疫等以间接接触为主要传播方式，同时也可以通过直接接触传播，两种方式都能传播的传染病称为接触性传染病。间接接触传播一般通过以下几种途径：

①经空气传播。空气不适合任何病原体的生存，但空气可作为传染的媒介物，它可作为病原体在一定时间内暂时存留的环境，经空气传播主要是以飞沫或尘埃为媒介而传播的。经飞散于空气中带有病原体的微细飞沫而进行的传播称为飞沫传播。所有的呼吸道传染病主要是通过飞沫进行传播，如禽流感、鸡传染性喉气管炎等。患有这类传染病的病禽呼吸道聚集一定量的渗出液，而渗出液中含有大量的病原体，渗出液刺激机体发生咳嗽或喷嚏，带有病原体的渗出液从呼吸道喷射出来，通过气流形成飞沫飘浮于空气中，被易感鸡只吸入而造成感染。

经空气飞沫传播的传染病的流行特征是：因传播途径易于实现，病例常连续发生，感染鸡只多为传染源周围的易感鸡群。潜伏期短的传染病，如禽流感、新城疫等在易感鸡群集中时可形成暴发。未加有效控制时，此类传染病的发病率多有周期性和季节性升高现象，一般以冬、春季多见。

②经污染的饲料和水传播。以消化道为主要侵入门户的传染病，如新城疫、禽沙门氏菌病等，其传播媒介主要是污染的饲料和饮水。传染源的分泌物、排出物和病鸡尸体及其流出物通过污染饲

料、饮水或管理用具感染易感动物。因此，在防疫上应特别注意防止饲料和饮水的污染，防止饲料仓库、饲料加工过程、鸡舍、水源、鸡场工作人员和用具的污染，并做好相应的消毒卫生管理工作。

③经污染的土壤传播。随病鸡排泄物、分泌物或尸体一起落入土壤而能在其中生存很久的病原微生物可称为土壤性病原微生物。经污染的土壤传播的传染病，其病原体对外界环境的抵抗力较强。因此，应特别注意病鸡排泄物和尸体的处理，防止病原体进入土壤，形成疫源地。

④经活的媒介物传播。活的媒介主要包括节肢动物、野生动物及人类的活动。

饲养人员、兽医及鸡场管理人员的活动如不遵守防疫制度，可能造成病原体的传播。如饲养人员进出不同鸡舍时，可将衣服、鞋底及饲喂工具上污染的病原体传播给隔壁鸡舍。

（三）易感鸡群

易感性是指鸡对于某种传染病病原体的敏感程度，是对病原体抵抗力的反面，鸡群的易感性是整个鸡群对某种病原体的易感染程度。鸡群中易感个体所占的百分比和易感性的高低，直接关系到传染病是否能在该鸡群造成流行及疫病的严重程度。鸡群易感性的高低与病原体的种类和毒力有关，另外，动物的遗传特征、特异性免疫状态及外界环境因素都会影响鸡群对病原体的易感性。

1. 鸡群内在因素

不同品系的鸡对传染病的抵抗力存在遗传性差别，有些是抗病育种的结果，如通过选种培育而成的白来航鸡对雏鸡白痢的抵抗力增强。不同日龄的鸡对某一病原体的易感性也不同，如雏鸡对大肠杆菌和沙门氏菌的易感性较高，而成年鸡对这些病原体的抵抗力较强。

2. 特异性免疫状态

鸡传染病的流行与否、流行强度和维持时间，除了病原体自身

的致病性等因素外，还与鸡群中易感鸡所占的比例有关。如果鸡群中抵抗力强的鸡占的比例很高，一旦有病原体传入，疫病流行的可能性也比较小，可能只出现少数散发的病例。因此，可通过疫苗免疫接种来提高鸡群中抵抗力强的鸡的比例，从而防止疫病的流行和暴发。

3. 外界因素

各种饲养管理因素，包括饲养环境、饲料质量、鸡舍的通风及卫生条件等，都与疫病的发生有关。如鸡舍通风不良容易导致鸡舍氨气浓度过高，造成鸡呼吸道黏膜受损，使鸡易感染禽流感、鸡传染性支气管炎等呼吸道疾病。因此，良好的饲养管理条件对于鸡场疫病的控制也至关重要。

（四）传染病的表现形式

鸡传染病的流行过程中，根据一定时间内发病率的高低和传染范围的大小，可将传染病的表现形式分为以下4种。

（1）散发性。传染病无规律地随机发生，局部地区病例零星地散在出现，各病例在发病时间和地点上无明显的关系，称为散发。

（2）地方流行性。在一定的地区和鸡群中带有局限性传播特征的，并且比较小规模流行的动物传染病，称为地方流行性。

（3）流行性。在一定时间内一定鸡群内出现比平时多的病例，并且没有明显的病例数量界限，表示疫病发生频率较高，称为流行性。鸡群传染病发生流行性传播时，其传播范围广，发病率高，如果不加以防控常很快传播到邻近的乡镇、地市或邻省。可以发生流行的传染病病原毒力一般比较强、能以多种方式传播，鸡群的易感性也较高，如禽流感和新城疫等可能表现为流行性。在平时多用暴发来表示传染病的流行性，是指某种传染病在一个动物群体或一定地区范围内，在短期内突然出现很多病例。

（4）大流行。这是一种规模非常大的流行，流行范围可扩大至全国，波及几个国家甚至全球，如高致病性禽流感。

（五）传染病的季节性和周期性

1. 季节性

某些禽传染病经常发生于一定的季节，或在一定的季节出现发病率显著上升现象，称为流行过程的季节性。出现季节性的原因主要有以下几个方面。

（1）季节对病原体在外界环境中存在和散播的影响。不同季节其温度、湿度、光照等情况也不同，因此，对病原体的影响也不同。夏季气温高，日照时间长，对抵抗力较弱的病原体在外界环境中的存活是不利的，可使散播在外界环境中的病毒很快失活，失去感染力。因此，病毒传染病的流行一般在夏季减缓或平息。

（2）季节对活的传播媒介的影响。夏秋季节，蚊虫活动及繁殖增加，凡是能由它们传播的传染病都比较容易发生，如禽痘、鸡住白细胞虫病等在夏季明显多发。

（3）季节对动物抵抗力的影响。冬季为了鸡舍保温，通风减少，鸡舍内空气流通不畅，氨气浓度增加，对鸡的呼吸道黏膜造成损伤，导致鸡对呼吸道病原的抵抗力降低，容易导致呼吸道疾病的发生，如禽流感、鸡传染性支气管炎等。

2. 周期性

某些传染病经过一定时间间隔，还可再度流行，这种现象称为传染病的周期性。在传染病流行期间，除发病死亡和淘汰的易感鸡外，其余鸡只由于康复或隐性感染而获得免疫力，因而流行逐渐平息。但经过一定时间后，由于免疫力逐渐消失，或新的一代雏鸡出生，或引进新的外来易感鸡群，鸡群易感性再度增高，疫病可能再次暴发或流行。

因此，通过了解并掌握鸡传染病流行的季节性和周期性特点及规律，采取适当措施来加强防疫、卫生、消毒、杀虫等工作，改善饲养管理，增强机体抵抗力，有计划地做好免疫预防接种工作，可有效控制疫病的发生和流行。

（六）鸡场疫病发生和流行现状

1. 发病种类多，防治难度大

据有关资料不完全统计，对我国养鸡业构成威胁和造成危害的疫病有80多种，涉及病毒病、细菌病、寄生虫病、营养代谢病和中毒性疾病。其中病毒性传染病是养鸡生产中最主要的威胁，造成的损失也最为严重。目前对我国养禽业造成严重威胁的病毒性传染病有禽流感（AI）、新城疫（ND）、禽白血病（AL）、马立克氏病（MD）、鸡传染性支气管炎（IB）、鸡传染性喉气管炎（ILT）、传染性法氏囊病（IBD）、鸡产蛋下降综合征（EDS76）、鸡传染性贫血（CIA）、禽脑脊髓炎（AE）等。

随着养鸡业不断向规模化发展，环境污染越来越严重，细菌性疾病和寄生虫病明显增多，如鸡慢性呼吸道病、鸡大肠杆菌病、禽沙门氏菌病、鸡球虫病等。其中，不少病原体广泛存在于养鸡环境中，可通过多种途径传播，同时由于饲养密度过大、通风换气条件差、各种应激因素等不利因素，鸡只对病原微生物的抵抗力降低，对病毒、细菌和寄生虫等病原微生物的易感性增加，造成鸡场大面积感染和发病。另外，由于饲料中抗生素和抗球虫药的长期添加和使用，细菌已普遍产生耐药性，多种抗菌药物难以奏效，许多鸡场因细菌性疾病造成的损失高达30%。

2. 新老疫病同时存在和流行

目前我国养禽业中老的疫病时有发生和流行，如禽流感、新城疫等。此外，近些年随着境外大量种鸡的引入和活疫苗的进口，导致一些新的传染病不断输入我国，如近些年新发的禽戊型肝炎病毒（aHEV）等，这些新发传染病的输入对我国养鸡业造成新的巨大威胁，造成了我国养鸡业新老疫病共同流行的状况。

3. 免疫抑制性疾病增多

免疫抑制性疾病可导致鸡群免疫失败，一旦鸡群发生疫病，将造成严重的经济损失，这类疫病是鸡场疫病防控的主要障碍，对养鸡业危害巨大，必须引起高度重视。可引起免疫抑制的病主要有马立克氏病、传染性法氏囊病、禽网状内皮组织增生症等。

4. 双重感染或混合感染增多

随着疫病种类的增加，两种或两种以上的病原多重感染、继发感染或病原的混合感染在鸡群非常普遍，混合感染导致鸡群疫病更为复杂，发病率和死亡率明显升高。混合感染的类型有多种：A. 病毒+病毒，如ND+IB；B. 病毒+细菌，如IB+大肠杆菌；C. 病毒+寄生虫，如ND+球虫；D. 细菌+寄生虫，如大肠杆菌+球虫等。混合感染中病原之间相互影响，增加了疫病诊断和防控的难度。

5. 病原变异及发病非典型化

在疫病流行过程中，由于多种因素的影响，病原的毒力常发生变化，并且在免疫选择压力下，病原的变异速度明显加快，出现新的血清型和基因型，鸡群感染后也可能出现新的临床表现。如马立克氏病，在早期其毒力为中等，后期陆续出现强毒株（vMDV）、超强毒株（vvMDV）和超超强毒株（vv⁺MDV）；鸡传染性支气管炎之前仅引起呼吸道症状，表现为呼吸型，后来也出现了肾型传染性支气管炎和腺胃型传染性支气管炎，其临床症状发生了明显的变化。另外，由于免疫鸡群的抗体水平不高或者不一致，某些疫病在这些免疫鸡群流行时，其流行特点、临床症状和病理变化等方面出现非典型化，如接种了新城疫病毒（NDV）疫苗的蛋鸡群在发生ND时，除产蛋下降和轻微的呼吸道症状外，不会出现ND典型的临床症状和病理变化。

二、鸡群疫病防控生物安全体系

（一）生物安全的基本概念

生物安全（biosecurity）是近年来国内外提出的有关集约化生产过程中保障和提高畜禽群体健康水平的理论，也是非常有效、非

常经济的疫病防控策略。生物安全是指用于预防畜禽疾病和人畜共患传染病的病原体进入畜、禽群的全部管理实践，其包括为阻断致病性的病毒、细菌、真菌等病原微生物侵入畜禽群体和增殖而采取的各项措施。生物安全是阻断引起畜禽疾病及人兽共患病病原体进入畜禽群体、排除疾病威胁的多种预防措施而集成的一种综合措施，是减少疫病发生的最佳手段，可以对多种传染病同时进行预防和净化。生物安全体系是对传染病以预防为主、防重于治方针的集中体现，这一观念已普遍被畜牧兽医行业所接受和重视。

（二）生物安全与传染病三大要素的关系

传染源、传播途径和易感动物作为传染病发生的三个基本要素，构成传染病发生和流行的必要条件，其中任何一种要素的缺失，传染病都不会发生和流行。生物安全措施是预防传染病发生的各种综合措施，其重点是消除传染源和切断传播途径。针对传染病发生的三个基本要素，抓住生产过程中的每一个环节，消灭传染源，切断传播途径，从而控制传染病的发生和流行，这是生物安全措施的核心所在。

（三）鸡场实行生物安全的必要性

近年来，我国家禽传染病种类不断增多，病原体不断变异进化，病原之间的混合感染日趋严重。另外，一些传染病如IBD等感染后还可引起免疫抑制，降低鸡群的免疫机能和对病原微生物的抵抗力。据统计，传染病的家禽致死率为20%左右，按目前我国家禽存栏量30亿～40亿只来计算，每年因传染病造成家禽死亡的直接经济损失可达10亿元。目前，单纯依靠疫苗和药物难以控制疫病的发生，随着鸡传染病研究不断发展和疫病控制技术的不断完善，以及家禽饲养和疫病防治知识的普及和推广，养户虽基本树立了"以预防为主，防重于治"的观念，但在生产中普遍只重视免疫接种和药物防治，这对疫病的控制和降低家禽死亡率有一定作用，但随着病原微生物的变异和毒力的增强及细菌耐药性的增加，免疫接种也不能彻底预防疫病的发生和流行。

生物安全与免疫接种、药物防治相辅相成，现代化饲养管理体系下的疫病控制中，生物安全已经和免疫接种、药物防治共同组成了高效的疫病防控体系。良好的生物安全措施可以为免疫接种和药物防治提供一个良好的使用环境，提高免疫接种和药物防治效果。如IBD、MD和AL等病毒感染鸡群后，可导致鸡群免疫抑制，影响其体液免疫、细胞免疫和巨噬细胞吞噬等免疫应答反应，从而对多种疫苗免疫应答下降，免疫效果差，甚至免疫失败。免疫接种和药物防治针对某些特定疾病效果较好，可提高鸡群的特异性抗体水平和抵抗力，弥补生物安全中的不足。将生物安全、免疫接种和药物防治结合起来，可以最大限度预防疫病的发生和流行。

（四）鸡场生物安全方面存在的主要问题

1. 生物安全系统不健全、不系统

生物安全方面缺乏统一规划、设施不够完善、防范范围较窄等，具体表现在：通常缺少关于生物安全的总体规划方案，生物安全大环境普遍不好。如鸡舍（场）过密、选址不够科学；生物安全设施不完善，如隔离设施不完善；消毒漏洞多，如饲料、垫料、进出笼具等因缺乏消毒设施而不能彻底消毒或不消毒；重鸡群、轻环境，重消毒杀菌、轻生态养护，重病毒细菌、轻蚊蝇昆虫。

2. 卫生防疫制度不够完善

很多鸡场没有设立健全的卫生防疫制度和相应的标准，在卫生防疫过程中缺乏监督，卫生防疫效果大打折扣；所制定的卫生防疫制度涉及面较小，不能涵盖生物安全的各个方面；缺乏有效的监管机制，监管体系规范化做得不够。

3. 隔离、消毒技术规程不健全，执行不严格

很多鸡场没有具体到对每个环节、每种对象设立特定的技术规程，技术要求标准过低，起不到有效的隔离和消毒效果，如与隔离

消毒有关的环节、项目、对象涉及100余种，都需要有相应的技术规程，而大部分鸡场没有设立相应的技术标准；隔离、消毒的执行缺乏有效的监督，执行不够严格。

（五）养鸡场生物安全的正确做法

1. 选择场址与布局

鸡场选址在隔离条件好的区域，离最近的畜牧场或其他可能的污染源3 000米以上，距离居民区3 000米以上。远离被工厂排放物、畜禽粪便及处理物污染过的土地或水源。交通方便，连接鸡场与交通要道的道路应供鸡场运输专用。鸡场离主要交通要道至少500米，距饲料厂不超过30千米，距冷藏设施不超过50千米。

选址应选取地势高、干燥向阳、通风良好的地方，便于排除雨水和污水，不受洪水影响；地面平整，用作净道、净区的地方不能低于污道、污区；水源充足，能满足生产生活和消防需要，水质良好，符合饮用水标准；排水系统符合生物安全要求；道路两旁修排水沟，路面及水沟要求硬化，排水顺畅，不可渗水或积水。

鸡场周围修建完整的防护设施，与外界彻底隔离，实行封闭式生产。生活区、生产区、污物处理区等各功能区的划分明确，留有足够的卫生间距与缓冲区。净道、污道分开，净门、污门分开，不要交叉，进出合理；场区植树，全面绿化。

2. 合理建筑鸡舍

净污分清，净门、净道及污门、行道要设在合适的位置；排污合理，排水顺畅，地面做防渗处理；纵向通风与横向通风结合，通风合理顺畅；保温和隔热性能好；房舍墙壁和地面做防水处理；结构严密，封闭性好，有纱网等防鸟、鼠、蚊、蝇设施。

3. 强化卫生防疫

（1）多级隔离的消毒设施。场外、大门口——设置车辆冲洗场、车轮消毒池，放置冲洗消毒设备。场内各功能区及出入口——设置车轮消毒池，放置冲洗消毒设备，建立物品交接间、人员淋浴消毒室，以及传入式的专用饲料库、垫料库。鸡舍等房舍出入口——设置脚踏消毒池、洗手消毒盆，放置消毒喷壶、冲刷消毒设备。净污接近处应明确标示，建隔离物，设消毒池。

（2）兽医卫生基础设施。建立兽医实验室，有专用房舍、设备和人员；建立专用的病死鸡处理设施如尸井、焚尸炉等，防止污染扩散；建立专用的鸡粪、污物处理设施，可防渗、防污染扩散。

（3）其他常用卫生消毒设施。如各生产区、各功能区的器具冲洗场、浸泡池，以及熏蒸室、洗刷灭菌设备等；修建封闭式、水冲式厕所。

（4）常用消毒方法与程序。日常消毒，烧、泡、煮、埋、洗、刷、喷、熏、紫外线、阳光、发酵等。发生传染病时的消毒原则：早、快、严、小；隔、封、消、杀。在隔离的前提下消毒，先喷药后清扫；用消毒剂连续多次冲洗消毒后封闭门窗。饲养员走污道出场，不与外人接触，彻底淋浴、消毒、更衣后，经主管确认同意再回非疫区。发生传染病的鸡舍至少空舍4周才能重新使用。清扫是一切消毒工作的基础，务必要完全彻底，更不要因清扫而使污染扩散。清扫应自上而下、由里到外。干燥时先洒水再清扫，明显污染的撒药后清扫。对污染物就地初步消毒后再运出处理。清扫后冲洗，对附着物要边刷边洗或高压清洗，严重污染的用消毒液清洗。冲洗要自上而下、由里到外、完全彻底、不使污染扩散。清洗消毒人员作业中不擅离岗位，不与他人接触，工作服就地消毒，走污道回指定消毒场所，淋浴、消毒、更衣后再回净区或生活区。

4. 病死鸡尸体和粪便无害化处理

病死鸡尸体要及时处理，严禁随意丢弃，严禁出售或作为饲料再利用。尸体处理最好采用焚烧炉焚烧的方法，不具备焚烧条件的养鸡场应设置两个以上安全填埋井，填埋井应为混凝土结构，深度大于2米，直径1米，井口加盖密封。在每次投入尸体后，应覆盖一层熟石灰或喷洒大量消毒液，井填满后，须用土填埋、压实并封口。装载尸体的容器必须采用蒸汽灭菌，运输尸体的车辆应清

洗、消毒。粪便要堆积发酵或机械膨化、干燥、消毒，进行无害化处理。

5. 控制小环境

对场区进行绿化，进风口处种植高低植物或与水塘相结合以提高进入空气的质量；出风口处建沉淀池，和高低植物、墙壁攀岩植物相结合以沉淀、吸附空气中的污物；场空地及密闭式鸡舍之间可种植瓜果、蔬菜或其他有益植物；开放式鸡舍之间的植被高度控制在30厘米以下。

6. 严格执行隔离制度

（1）实行场、区、舍、群多级隔离，人、车、物、料、水、环境、部分空气有效消毒。

（2）场内外隔离：封闭生产，进入必须经过相应的消毒。

（3）生产区隔离：限制出入，进入必须经过相应的消毒。

（4）鸡舍间隔离：固定人员、禁止串栋、消毒入内，固定工具、专舍专用，进入物消毒，水帘加药，送热风，进气口放挥发性消毒剂。

（5）群内管理：合理密度，分群，环境、饲料、垫料、饮水应保持清洁。及时拣出病、残、死鸡，污染物一律走污门、污道。

（6）员工在场外的要求：不从事畜禽养殖、加工、经营、诊治等工作，家中不养畜禽，不经营处理禽粪，不接触畜禽及其产品生产、加工、经营、诊治、处理等易污染场所。

7. 实行"全进全出"制度

饲养场区"全进全出"。独立的饲养区，一个饲养区内饲养来源相同的雏鸡。一同入雏、一起出售。彻底清洗、消毒，空舍一段时间后再进鸡。

8. 加强饲料卫生管理

（1）提倡使用饲料塔（罐）自动喂料系统，使用饲料库周转的，要加强饲料库卫生。两个以上饲料库，轮流使用，全进全出。饲料出库后彻底清扫、拖地消毒后再进料。饲料库建于生产区入口，车辆及外人不可入内。尽量使用颗粒料，不买霉变、发病区的饲料；营养成分测定合格，微生物、药残测定合格。

（2）运输：清洁卫生的车辆和驾驶员，装车前车体、驾驶员消毒，途中注意卫生防止污染，进入鸡场全面消毒。

（3）储存：料库、料塔保持清洁卫生，防霉、潮、虫、鼠、热、晒。

（4）饲喂卫生：确认鸡群无异常后再喂，随时检查采食状况，料槽（桶）内不存过夜料，防止饲料进水、污染。

（5）垫料卫生：选购垫料力求清洁、干燥、卫生。未消毒垫料中含有大量的细菌和霉菌毒素，购入的垫料在垫料库用3倍量甲醛高锰酸钾熏蒸消毒72小时以上，经细菌检验合格、确认无异常再出库使用；使用中保持卫生、松软，防止过干、过湿。

9. 保证饮水卫生

每季度检验一次水质，每月进行一次细菌检测，不合格的水源要经处理后方可使用。每月清理一次水塔和输水管道；每次饮药后清理一次水线、饮水器或水槽。

10. 培育健康鸡群

挑选无疫情场、健康、好品系、健壮整齐的鸡苗；严格按技术标准提供饲养管理条件，包括温度、湿度、密度、卫生、通风、营养、饮水、光照等。提供全群均一的饲养环境，培育鸡群良好的整齐度。

健康雏鸡质量标准：外观精神好，羽毛丰满；体型正常，体重达标；均匀度差异上下10%以内；肛门干净，脐部收缩好，腹部柔软；水分适中，无腹水、无脱水现象，数量误差在0.1%以下；沙门氏菌、支原体感染阳性率不超过国家限制标准（0.4%以下）；母源抗体分布均匀，离散度小，一周内成活率98%以上。

11. 建立免疫计划

合理的基础免疫程序：每批鸡入舍前，根据季节、环境、来源、健康、抗体、疫情、疫苗等实际情况，对基础免疫程序合理调

整，确立本批鸡的应用程序；重视常见病的药物预防；加强日常管理、营养和饮水管理，合理使用抗应激药物，减少应激，尤其要减少接种疫苗时的应激。

加强疫苗管理，选用优质疫苗，并安全运输保管、把握有效期、实施规范接种。

12. 观察报告和逐级负责

（1）根据养鸡场大小及组织架构，建立从饲养员→栋长→生产主任、技术员或生产场长→场长的逐级报告和负责程序。

（2）明确职责：饲养员负责现场操作；生产主任、技术员或生产场长负责现场管理、安排、指导、协助解决问题；场长负责全面掌控、决策，对企业负责。

（3）日记、记录、报表：做好饲养日记、一切工作的记录、日报表、周报表、汇总表等相关记录和汇总。

（六）卫生防疫技术规程和实施细则

养鸡场常用的卫生防疫技术规程有几十个重点环节和项目，各场应根据自己的实际情况制订实施细则。如场内外隔离和卫生管理制度；饲养生产区隔离和卫生管理制度，鸡舍间隔离制度；"全进全出"实施办法，进入场区消毒规程（车辆、人员、物品），进入生产区消毒规程（车辆、人员、物品），淋浴消毒规程；进入鸡舍消毒规程，隔离服装使用管理办法，饲料卫生和消毒管理办法，垫料卫生和消毒管理办法；饮水卫生和消毒办法，生物制品管理办法，免疫程序，免疫接种技术规程；投药技术要求；鸡舍及设施设备清理消毒规程，鸡舍环境监测制度，鸡舍及设施设备日常卫生管理办法，带鸡消毒办法，鸡群观察报告和逐级负责制度，鸡群检测制度，重点疾病净化制度，病弱死鸡淘汰处理制度，场区净、污区和净、污道管理办法，消毒剂使用管理办法等。

（七）养鸡场卫生标准

生产区环境卫生：环境绿化，净污区、净污道要划分好、标识清并消毒。厕所经常冲水、无异味。严防老鼠，解决水沟污染、蚊蝇害虫滋生地的问题。污染废弃物无害化处理，不得裸放。与外界彻底隔离，避免墙洞、豁口、门缝等问题。场区清洁、物料摆放整齐，消毒剂常更换。

备用鸡舍卫生：建筑完好，封闭严密，门窗关闭自如。鸡舍内外彻底清理、消毒3～4遍。天棚和内墙无裂缝，所有设施设备完好无损，清洁卫生。水沟彻底清理，空舍2周以上，最后以细菌检测结果作为是否合格的依据之一。门口设脚踏消毒池，每天换消毒液，管理间要整洁卫生，鸡蛋存放处安全、清洁。禽舍内所有设施设备、地面、墙壁、垫料经常消毒。

（八）孵化场卫生

1. 孵化间卫生标准

孵化室、更衣室、淋浴间、办公室、走廊地面清洁无垃圾，墙壁及天花板无蜘蛛网、无灰尘绒毛，地面保持氢氧化钠溶液或其他消毒剂的新鲜度，顶棚无凝集水滴。孵化室地面清洁，无蛋壳等垃圾，无积水存在，值班组人员每次交班之前10分钟用消毒剂拖地一遍，接班人员监督检查。室内墙壁无蜘蛛网、灰尘。出雏室地面无绒毛、蛋壳等垃圾存在，无积水存在，墙壁干净整洁，无蜘蛛网灰尘，值班组人员每次交班之前10分钟用消毒剂拖地一遍，接班人员监督检查。孵化室、出雏室地沟、下水道内清洁，无蛋壳及绒毛存留，每周2次用2%氢氧化钠溶液消毒。拣雏室内地面无蛋壳、绒毛存在，冲刷间干净整洁，浸泡池内无垃圾。发雏厅及接雏厅每次发放完雏鸡后，无蛋壳、鸡毛等垃圾存在，并用2%氢氧化钠溶液彻底消毒。孵化间、出雏间、缓冲间内物品摆放整齐有序，地面无垃圾，每周至少消毒2次。纸箱库内物品分类摆放，整齐有序，地面

干净整洁。夏季使用湿帘或水冷空调降温时，及时更换循环用水，保持水的清洁卫生，必要时加入消毒剂，室内环境细菌检测达合格标准。

2. 孵化器、出雏器卫生标准

孵化器内外、机顶干净整洁，无灰尘，无绒毛，壁板及器件光洁无污染。底板无蛋壳、蛋黄、绒毛及灰尘。加湿盘内无铁锈、蛋壳等垃圾，加湿滚筒清洁无污物。风筒内无灰尘，风扇叶无灰尘、无绒毛，温湿度探头上无灰尘、无绒毛。控制柜内清洁卫生，无绒毛、灰尘、杂物。电机（风扇电机、翻蛋电机、风门电机、冷却电机、加湿电机）上无灰尘、无绒毛、无油污。入孵前细菌检测为合格标准。

3. 孵化场区隔离生产管理办法

未经允许，任何外人严禁进入孵化室，如有特殊要求，须经场长批准。允许进入孵化室的人员，必须经过洗澡更衣、换鞋，有专人引导，并且按照已定的行走路线入内，不可乱闯。孵化室人员，除平时休班外，严禁外出，休班回场必须洗澡、消毒、更衣、换鞋。维修人员进入孵化室，须洗澡、更衣、换鞋后方可进入。严禁携带其他动物及其产品进入孵化室。接雏车辆需经喷雾消毒、过氢氧化钠池后才能进入孵化场。接雏人员只能在接雏厅停留，严禁进入其他区域，由雏鸡发放员监督。运送种蛋的车辆需经彻底消毒后再进入孵化场。每次雏鸡发放结束后，全面打扫存放间，发雏室、接雏厅、客户接雏道路用2%氢氧化钠溶液全面喷洒消毒。及时处理白蛋、毛蛋及蛋壳，不得在孵化厅室存放过夜。进入孵化厅的物品须经有效的消毒处理后方可带进，孵化室备用工作服在每次使用后立即消毒清洗。外来人员离开孵化室后，其所经过的区域，用2%氢氧化钠溶液喷雾消毒。定期清理孵化场周围的垃圾等杂物，每月消毒1次。定期投放鼠药，减少鼠类对孵化场设备、种蛋的损害。

（九）鸡群日常观察

1. 观察鸡群状态

随时发现疫情，尽早采取有力措施，是鸡场生物安全管理的一项重要工作。观察雏鸡行为状态，正常情况下，雏鸡反应灵敏，精神活泼，挣扎有力，叫声洪亮而清脆，眼睛明亮有神，分布均匀。若雏鸡扎堆或站立不卧，闭目养神，叫声尖锐，拥挤在热源处，说明育雏温度太低；若雏鸡撑翅、伸脖，张口喘气，呼吸急促，饮水频繁，远离热源，说明温度过高；当雏鸡远离通风口，说明有贼风；若雏鸡头、尾、翅膀下垂，闭目缩颈，行走困难，则为病态表现。

2. 观察羽毛

正常情况下，羽毛整洁、光滑、贴身。若羽毛生长不良，表明温度过高；若全身羽毛污秽或胸部羽毛脱落，表明湿度过大；若羽毛稀少，表明烟酸、叶酸、泛酸缺乏；如果全身羽毛蓬松或肛门周围羽毛黏有黄绿色或白色粪便或黏液时，多为发病征兆。

3. 观察粪便

正常的粪便为青灰色，成形，表面有少量的白色尿酸盐。当鸡患病时，往往排出异样的粪便。如血便多见于鸡球虫病、鸡出血性肠炎；白色石灰样稀便多见于传染性法氏囊病、鸡传染性支气管炎、鸡白痢；绿色粪便多见于新城疫。

4. 观察呼吸

当天气急剧变化时、接种疫苗后、鸡舍氨气含量过高和灰尘多的时候，容易激发呼吸系统疾病，故应在此期间注意观察鸡的呼吸频率和呼吸姿势，有无鼻涕、咳嗽、眼睑肿胀和异样的呼吸音。当鸡患新城疫、鸡慢性呼吸道病、鸡传染性支气管炎、鸡传染性喉气管炎时，常发出呼噜或喘鸣声，夜间特别明显。

5. 观察腿、爪情况

如果舍内湿度过大或垫网过硬易发腿病、脚垫；若环境温度过高、湿度过小易引起爪干裂；若存在垫网有毛刺、接头处未处理等

其他易引起外伤的因素，易引发葡萄球菌等细菌感染；如果腿部鳞片出血且死亡严重，则应考虑禽流感的流行，应及时上报疫情。

6. 观察饲料、饮水用量

在正常情况下，鸡生长过程中的采食量、饮水量应保持稳定的缓慢上升状态。一旦发现异常，应及时找出原因，多为发病的早期表现。

7. 残、弱、病鸡隔离

在鸡舍一角隔出一小块地方，将残鸡、弱鸡和病鸡单独饲养观察，以提高其成活率和出栏均匀度。如发现有传染病流行，要及时隔离、淘汰。

三、鸡群传染病的免疫防治

疫苗接种是预防传染病的有效方法之一，但是疫苗接种能否获得成功，不但取决于接种时疫苗的质量、接种途径和免疫程序等外部条件，还取决于机体的免疫应答能力这一内部因素。接种疫苗后的机体免疫应答是一个极其复杂的生物学过程，许多内、外环境因素都影响机体免疫力的产生、维持和终止。所以，接种过疫苗的鸡群不一定都能产生较强的免疫力。近年来，一些免疫鸡群常暴发传染病，给养鸡生产造成了较大的损失。

（一）免疫失败的影响因素

1. 疫苗及稀释液

（1）疫苗的质量。疫苗不是正规生物制品厂生产、质量不合格或已过期失效。疫苗因运输、保存不当或疫苗取出后在免疫接种前受到日光的直接照射，或取出时间过长，或疫苗稀释后未在规定时间内用完，影响疫苗的效价甚至失效。

（2）疫苗选择不当。某些鸡场忽视雏鸡免疫系统不健全、抵抗力相对较弱的特点，首次免疫选用一些毒力较强的疫苗，如选择中等偏强毒力的传染性法氏囊病疫苗、新城疫Ⅰ系疫苗免疫接种，这不仅起不到免疫的作用，相反还会诱导鸡群发病，造成病毒毒力增强和病毒扩散。

（3）疫苗间干扰作用。将两种或两种以上抗原同时进行免疫接种时，有时抗原间会产生相互干扰或抑制，机体对其中一种抗原的抗体应答显著降低，从而影响疫苗的免疫效果，如同时接种新城疫和鸡传染性支气管炎疫苗，新城疫和传染性法氏囊病疫苗等。

（4）疫苗稀释液。疫苗稀释液未经消毒或受到污染而将杂质带进疫苗，或随疫苗提供的专用稀释液存在质量问题。饮水免疫时，饮水器未清洗、消毒，或饮水器中含消毒药等都会造成免疫不理想或免疫失败。

2. 鸡群机体状况

（1）遗传因素。动物机体对接种抗原有免疫应答，在一定程度上是受遗传控制的，鸡品种繁多，免疫应答各有差异，即使同一品种不同个体的鸡，对同一疫苗的免疫反应强弱也不一致。有的鸡只甚至有先天性免疫缺陷，从而导致免疫失败。

（2）母源抗体干扰。由于种鸡个体免疫应答差异及不同批次雏鸡群不一定来自同一种鸡群等原因，造成雏鸡母源抗体水平参差不齐。如果所有雏鸡固定同一日龄进行接种，若母源抗体过高反而干扰了后天免疫，不产生应有的免疫应答。即使同一鸡群不同个体之间母源抗体程度也不一致，母源抗体干扰疫苗在体内的复制，从而影响免疫效果。

（3）应激因素。动物机体的免疫功能在一定程度上受到神经、体液和内分泌的调节，在环境过冷过热、湿度过大、通风不良、拥挤、饲料突然改变、运输、转群等应激因素的影响下，机体肾上腺皮质激素分泌增加。肾上腺皮质激素能显著损伤T淋巴细胞，对巨噬细胞也有抑制作用，增加IgG的分解代谢。所以，当鸡群处于应激反应敏感期时接种疫苗，就会降低鸡自身的免疫能力，影响免疫效果。

（4）营养因素。维生素及许多其他养分都对鸡免疫力有显著影响。营养缺乏，特别是维生素A、维生素D、维生素B族、维生素E和多种微量元素及全价蛋白质缺乏时能影响机体对抗原的免疫应答，免疫反应因此明显受到抑制。有试验表明，出现雏鸡断水、断食48小时，法氏囊、胸腺和脾脏重量明显下降，脾脏内淋巴细胞数减少，网状内皮系统细菌清除率降低等情况，即机体免疫能力下降。

3. 病原本身的影响

（1）血清型。许多病原微生物有多个血清型，甚至有多个血清亚型，某鸡场感染的病原微生物与使用的疫苗毒株在抗原上可能存在较大差异或不属于同一个血清型，从而导致免疫失败。

（2）免疫抑制性疾病。MD、AL、IBD、CIA和球虫等能损害鸡的免疫器官法氏囊、胸腺、脾脏、哈德氏腺、盲肠扁桃体、肠道淋巴样组织等，从而导致免疫抑制。特别是IBDV感染可以造成免疫系统的破坏和抑制，从而影响其他传染病的免疫。鸡群发病期间接种疫苗，还可能发生严重的反应，甚至引起死亡。

（3）野毒早期感染或强毒株感染。鸡只接种疫苗后需要一定时间才能产生一定的免疫力，而这段时间恰恰是一个潜在的危险期，一旦有野毒入侵或机体尚未完全产生抗体之前感染强毒，就会导致疾病的发生，造成免疫失败。

4. 其他因素

（1）饲养管理不当。消毒卫生制度不健全，鸡舍及周围环境中存在大量的病原微生物，在使用疫苗期间鸡群已受到病毒或细菌感染，这些都会影响疫苗的效果，导致免疫失败。饲喂霉变的饲料或垫料发霉，霉菌毒素能使胸腺、法氏囊萎缩，毒害巨噬细胞而使其不能吞噬病原微生物，从而引起严重的免疫抑制。

（2）免疫方法不当。滴鼻滴眼免疫时，疫苗未能进入眼内、鼻腔内；肌内注射免疫时，出现"飞针"，疫苗根本没有注射进去或注入的疫苗从注射孔流出；饮水免疫时，免疫前未限水或饮水器内加水量太多，使配制的疫苗未能在规定时间内饮完而影响剂量。

（3）化学物质的影响。许多重金属（铅、镉、汞、砷）均可抑制免疫应答而导致免疫失败；某些化学物质（卤化苯、卤素、农药）可引起鸡免疫系统部分组织甚至全部组织萎缩，以及活性细胞的破坏，进而引起免疫失败。

（4）滥用药物。许多药物（如卡那霉素等）对B淋巴细胞的增殖有一定抑制作用，能影响疫苗的免疫应答反应。有的鸡场为防病而在免疫接种期间使用抗菌药物或药物性饲料添加剂，从而导致机体免疫细胞减少，以致影响机体的免疫应答反应。

（5）器械和用具消毒不严。免疫接种时不按要求消毒注射器、针头、刺种针及饮水器等，使免疫接种成了带毒传播，反而引发疫病流行。

（6）免疫程序不合理。鸡场应根据当地鸡病流行规律和本场实际，制订出适合本场的免疫程序。特别在疫区，盲目搬用别人的免疫程序往往会导致免疫失败。

（二）免疫防控策略

1. 正确选择和使用疫苗

选择国家定点生产厂家生产的优质疫苗，到经兽医部门批准经营生物制品的专营商店购买疫苗。免疫接种前对使用的疫苗逐瓶检查，注意瓶子有无破损、封口是否严密、瓶内是否真空和是否在有效期内，有一项不合格就不能使用。疫苗种类多，选用时应考虑当地疫情、毒株特点。

2. 制订合理的免疫程序

根据本地区或本场疫病流行情况和规律，鸡群的病史、品种、日龄、母源抗体水平和饲养管理条件，以及疫苗的种类、性质等因素制订出合理科学的免疫程序，并视具体情况进行调整。

3. 采用正确的免疫操作方法，保证免疫质量

疫苗接种操作方法正确与否直接关系到疫苗免疫效果的好坏。

饮水免疫不得使用金属容器，饮水必须用蒸馏水或冷开水，水中不得有消毒剂、金属离子，可在疫苗溶液中加入0.3%脱脂奶粉作保护剂。在疫苗饮水前可适当限水以保证疫苗在1小时内饮完，并设置足够的饮水器以保证每只鸡都能同时饮到疫苗水。气雾免疫不能用生理盐水稀释疫苗，并保证雾粒在50微米左右。点眼、滴鼻免疫，要保证疫苗进入眼内、鼻腔。刺种痘苗必须刺一下就浸一下刺种针，保证刺种针每次都能浸入疫苗溶液中。用连续注射器接种疫苗，注射剂量要反复校正，使误差小于0.01毫升，针头不能太粗，以免拔针后疫苗流出。

4. 建立健全防疫制度，提高防疫人员免疫操作技能，严格执行防疫操作规程

调整鸡群健康状况，确定接种时间，接种疫苗前应对鸡群健康状况进行详细调查。若有严重传染病流行，则应停止接种。若只存在个别病鸡，应该将其剔除、隔离，然后接种健康鸡。对于怀疑有疫病流行的地区，可在严格消毒的条件下，对未发病的鸡只进行紧急预防接种。免疫接种时间应根据传染病的流行状况和鸡群的实际抗体水平来确定。鸡只对抗原的敏感程度呈24小时周期性变化，不同时间内免疫效果稍有差异。清晨鸡体内肾上腺素分泌较其他时间少，对抗原的刺激也最敏感，此时疫苗接种效果最好。

5. 加强饲养管理

必须对饲料进行监测，以确保其不含霉菌毒素和其他化学物质。加强饲养管理，减少应激和各种疾病发生，合理选用免疫促进剂。在免疫前后24小时内应尽量减少鸡的应激，不改变饲料品质，不安排转群、断喙，减少意外噪声。控制好温度、湿度、饲养密度、通风，勤换垫料，饲喂全价配合饲料，适当增加蛋氨酸、复合维生素用量。接种疫苗时要处置得当，防止鸡群受到惊吓。遇到不可避免的应激时，应在接种前后3～5天，在饮水中加入抗应激剂，如电解多维、维生素C、维生素E等，或在饲料中加入利血平等抗应激药物，均能有效地缓解和降低各种应激反应。在免疫的前后2

天最好不使用消毒药、抗生素、抗球虫药、抗病毒药。合理选用左旋咪唑、卡介苗、干扰素等免疫促进剂，增强免疫效果。良好的环境卫生质量是提高免疫接种效果的基本保证。进雏前对育雏舍和所有用具彻底清洗消毒，进雏后经常进行带鸡消毒。

（三）常用免疫程序推荐

1. 商品肉鸡

（1）5～7日龄。新城疫-禽流感二价油剂灭活苗皮下注射1～1.5羽份，新城疫Ⅳ+传支Ma5活疫苗点眼、滴鼻。

（2）13～15日龄。传染性法氏囊病活疫苗（毒力中等）饮水。

（3）19～21日龄。新城疫Ⅳ系活疫苗喷雾或饮水。

（4）24～26日龄。传染性法氏囊病活疫苗（毒力中等偏上）饮水。

2. 蛋鸡、肉种鸡

（1）1～3日龄。马立克氏病液氮苗或冻干苗皮下注射1～1.5羽份，鸡传染性支气管炎H_{120}或Ma5活疫苗饮水或喷雾。

（2）7～9日龄。新城疫Ⅳ系冻干苗滴鼻、点眼，新城疫禽流感多价油乳剂灭活疫苗0.3毫升/只，皮下注射。

（3）12～14日龄。传染性法氏囊病活疫苗饮水。

（4）20～22日龄。新城疫Ⅳ系冻干苗饮水或喷雾免疫。

（5）25～28日龄。传染性法氏囊病活疫苗饮水。

（6）45～50日龄。新城疫-禽流感多价油乳剂灭活疫苗肌肉注射0.5毫升/只，传染性喉气管炎活疫苗点眼，鸡痘冻干苗皮下刺种。

（7）80～90日龄。鸡传染性喉气管炎活疫苗点眼，新城疫Ⅰ系冻干苗肌内注射。

（8）110～120日龄。新城疫-禽流感多价油乳剂灭活疫苗肌肉注射0.5毫升/只，新城疫、鸡传染性支气管炎H_{52}二联冻干苗饮水或

喷雾免疫。

（9）160～180日龄。新城疫Ⅳ系冻干苗饮水或喷雾免疫。

（10）220～240日龄。新城疫–禽流感多价油乳剂灭活疫苗0.5毫升，肌内注射。

（11）300～320日龄。新城疫Ⅳ系冻干苗饮水或喷雾免疫。

（12）380～400日龄。新城疫Ⅳ系冻干苗饮水或喷雾免疫。

（13）450～460日龄。新城疫Ⅳ系冻干苗饮水或喷雾免疫。

需要注意的是，各鸡场可根据饲养日龄和疫病流行的具体情况及时对免疫程序进行修改。

第二章　鸡病诊断技术

进行及时而准确的诊断是预防、控制和治疗家禽疾病的重要前提和环节，要达到快速而准确的诊断，需要具备全面而丰富的疾病防治和饲养管理知识，运用各种诊断方法，进行综合分析。家禽疾病的诊断方法有多种，而实际生产中最常用的是临床诊断检查技术、病理学诊断技术和实验室诊断技术。各种家禽疾病的发生都有其自身的特点，只要抓住这些疾病的特点，运用恰当的诊断方法就可以对疾病作出正确的诊断。

一、临床诊断检查技术

临床诊断是鸡病检查技术中最基本的方法。在鸡病的诊断中，临床诊断是检查鸡病不可缺少的一步，特别是对鸡群整体状态的观察，能尽早发现鸡群病症，及时采取防治措施。

（一）询问调查

询问调查包括病史情况、饮食变化、季节气候、周围环境情况、舍内小环境、鸡自身免疫接种与疫病发生情况等，可为疾病的诊断提供依据。

1. 病史与疫情

询问上代鸡群的疫病免疫情况、曾经发生过的疾病等。如果上代鸡群发生了疾病，则应将其作为怀疑和防范的重点内容在诊断中给予排查。询问附近鸡场的疫情，如果有气源性传染病，如新城疫、鸡传染性支气管炎等疾病流行时，则有可能波及本场。

2. 饮食情况

询问在日常饲养管理中鸡群的饮食情况。采食时间延长或缩短、饮水减少或增加都有可能是疾病发生的表现。

3. 鸡舍周围环境情况

大的噪声，夜晚的闪电，猫、狗、鼠、蛇的窜入，捕捉、转群、运输等物理性情况，周围存在有害气体、农药等有毒物质的化学情况，都可能是一些疾病的诱发因素。

4. 当地气候变化情况

季节气候的变化与疾病的发生有很大关系，有些疾病的发生有明显的季节性，如鸡痘多发生在春秋季节，鸡传染性喉气管炎多发生在冬季；有些疾病则是由气候变化引起的，如天气突变、气温剧烈变化等都可能诱发鸡瘟。

5. 饲养管理情况

询问饲料及添加剂使用情况，查问饲料原料是否霉变，饲料是否全价；询问饮水情况特别是了解盐分摄入量是否充足；了解饲养密度是否过大，通风是否良好，温度、湿度和光照是否适宜；了解寄生虫、蚊蝇等有害昆虫袭扰的情况。根据以上这些情况来寻找病因。

6. 发病情况

主要询问何时发病、病禽的日龄、发病症状、疾病传播速度等情况，以推测是急性或慢性、细菌性或病毒类疾病或疑似何种鸡病。

7. 防治措施

了解免疫情况包括免疫程序、免疫方法、疫苗种类、使用剂量等；查问用药情况了解病鸡用过什么药物治疗，是否合理有效。

（二）鸡群观察与病鸡检查

1. 鸡群一般状态的观察

在舍内一角或场外直接观察全群状态，以防止惊扰鸡群。注意观察鸡只精神状态，对外界的反应，呼吸、采食、饮水的状态，运动时的步态等。正常健康鸡听觉灵敏，白天视觉敏锐，周围稍有惊扰便有迅速反应，活动灵活；食欲旺盛，生长发育正常；羽毛丰满光洁，鸡冠、肉髯红润。病态鸡表现为鸡冠苍白或发绀，羽毛松乱；咳嗽、打喷嚏或张口呼吸；食欲减少或不食，两眼紧闭，精神萎靡消瘦，蹲伏在鸡舍一角。

2. 病鸡观察

（1）鸡冠和肉髯观察。鸡冠和肉髯是鸡皮肤的衍生物，其内部具有丰富的血管、淋巴管和神经，许多疾病都会使鸡冠和肉髯出现变化。正常的鸡冠和肉髯颜色鲜红，组织柔软光滑，颜色异常则为病态。鸡冠发白，主要见于贫血、出血性疾病及慢性疾病；鸡冠发紫，常见于急性热性疾病，也可见于中毒性疾病；鸡冠萎缩，常见于慢性疾病；如果鸡冠上有水疱、脓包、结痂等病变，多为鸡痘的特征。肉髯发生肿胀，多见于慢性禽霍乱和传染性鼻炎。

（2）眼睛观察。健康鸡的眼睛大而有神，周围干净，瞳孔圆形，反应灵敏，虹膜边界清晰。病鸡的眼睛怕光流泪，结膜发炎，结膜囊内有豆腐渣样物，角膜穿孔失明，眼睑常被眼眵粘住，眼边有颗粒状小痂块，眼部肿胀，眼白色混浊、失明，瞳孔变成椭圆形、梨子形、圆锯形或边缘不齐，虹膜灰白色。

（3）口鼻观察。健康鸡的口腔和鼻孔干净利索，无分泌物和饲料附着。病鸡可能出现口、鼻有大量黏液，经常晃头，呼吸急促、困难、喘息、咳出血色的黏液等症状。

（4）羽毛和姿势变化的观察。正常时，鸡被毛鲜艳有光泽；有病时羽毛变脆、易脱落、竖立、松乱，翅膀、尾巴下垂，易被污染。正常鸡站卧自然，行动自如，无异常动作；病鸡则出现步态不稳，运动不协调，转圈行走或经常摔倒，头颈歪向一侧或向后背等症状。

（5）呼吸观察。健康鸡的呼吸平稳自然，没有特殊的状态。注意观察病鸡的呼吸状态，是否有啰音，是否咳嗽、打喷嚏等。

（6）粪便观察。观察粪便是临床诊断鸡病的一个重要方面，粪便发生异常变化，往往是疾病的预兆。健康鸡的粪便一般是成形的，以圆锥状多见，表面有一层白色的尿酸盐，其颜色往往因饲料的种类不同而有差异。鸡的异常粪便可在质、量、形态和消化不良等方面表现出来。常见的异常粪便有以下几种。

①牛奶样粪便。粪便为乳白色，稀水样似牛奶倒在地上，一般在上午排出这种粪便。这是肠道黏膜充血、轻度肠炎的典型粪便。

②节段状粪便。粪便呈堆形，细条节段状，有时表面有一层黏液。刚刚排出的粪便，水分和粪便分离清晰，多为黑灰色或淡黄色。这是慢性肠炎的典型粪便，多见于雏鸡。

③水样粪便。粪便中消化物基本正常，但含水分过多，原因有大肠杆菌病、低致病性禽流感、肾传支、温度骤然降低应激、饲料内含盐量过高、环境温度过高等。

④蛋清状粪便。粪便似蛋清状、黄绿色并混有白色尿酸盐，消化物极少。

⑤血液粪便。粪便为黑褐色、茶水色、紫红色，或稀或稠，均为消化道出血的特征。如上部消化道出血，粪便为黑褐色、茶水色；下部消化道出血，粪便为紫红色或红色。

⑥肉红色粪便。粪便为肉红色，成堆如烂肉，消化物较少，这是脱落的肠黏膜形成的粪便，常见于绦虫病、蛔虫病、球虫病和肠炎恢复期。

⑦绿色粪便。粪便墨绿色或草绿色，似煮熟的菠菜叶，稀薄并混有黄白色的尿酸盐。这是某些传染病和中暑后由胆汁和肠内脱落的组织混合形成的粪便，所以为墨绿色或黑绿色。

⑧黄色粪便。粪便的表面有一层黄色或淡黄色的尿覆盖物，消化物较少，有时全部是黄色尿液。这是肝脏有疾病的典型粪便。

⑨白色稀便。粪便白色，非常稀薄，主要由尿酸盐组成，常见于传染性法氏囊病、瘫痪鸡、雏鸡白痢、食欲废绝的病鸡和患尿毒症的鸡。

（7）皮肤触摸观察。用手逆翻鸡的头颈部、体躯和腹下等部位的羽毛，观察皮肤色泽及有无坏死、溃疡、结痂、肿胀、外伤等。正常鸡皮肤松而薄，易与肌肉分离，表面光滑。若鸡皮肤增厚、粗糙有鳞屑，两小腿鳞片翘起，脚部肿大，外部像有一层石灰质，多见于鸡疥癣病或鸡突变膝螨病；皮肤上有大小不一、数量不等的硬结，常见于马立克氏病；皮肤表面出现大小数量不等、凹凸不平的黑褐色结痂，多见于皮肤性鸡痘；皮下组织水肿，如呈胶冻样者，常见于食盐中毒，如内有暗紫色液体，则常见于维生素E的缺乏症。

（8）嗉囊观察。用手指触摸嗉囊内容物的数量及其性质。嗉囊内食物不多，常见于发生疾病或饲料适口性不好。内容物稀软、积液、积气，常见于慢性消化不良。单纯性嗉囊积液、积气是鸡高烧的表现或唾液腺神经麻痹的缘故。嗉囊阻塞时，内容物多而硬，弹性小。过度膨大或下垂，是嗉囊神经麻痹或嗉囊本身机能失调引起的。嗉囊空虚，是重病末期的特征。

（9）腹部观察。用于触摸鸡腹下部，检查腹部温度、软硬等。腹部异常膨大而下垂，有高热、痛感，是卵黄性腹膜炎的初期；触摸有波动感，用注射器穿刺可抽出多量淡黄色或深灰色并带有腥臭味的浑浊液体，则是卵黄性腹膜炎中后期的表现。如腹部蜷缩、发凉、干燥而无弹性，见于雏鸡白痢、内寄生虫病。

（10）腿部和脚掌观察。鸡腿负荷较重，患病时变化也较明显。病鸡腿部弯曲，膝关节肿胀变形，有擦伤，不能站立，或者拖着一条腿走路，多见于锰和胆碱缺乏症。膝关节肿大或变长，骨质变软，常见于佝偻病。跗骨显著增厚粗大、骨质坚硬，常见于禽白血病等。腿麻痹、无痛感，两腿呈"劈叉"姿势，可见于鸡马立克氏病。病初跛行，大腿易骨折，可见于葡萄球菌感染。足趾向内卷曲，不能伸张，不能行走，多见于核黄素缺乏症。观察掌枕和爪枕的大小及周围组织有无创伤、化脓等。

二、病理学诊断技术

剖检可直接观察鸡只内部的变化，是鸡病诊断的重要手段。死鸡剖检应该越早越好，以免尸体腐败；剖检最好能在实验室或者相对封闭的场所进行，以免病源扩散。

（一）剖检程序

将死鸡浸泡在水中，把羽毛浸透，放在解剖盘中，先把腹壁和两腿之间的皮肤剪开，扒掉皮肤，检查皮下组织和肌肉的变化。然后在腹部横切腹壁，再用剪刀沿着腹壁两侧向前剪断肋骨和胸部肌肉，把整个胸壁揭开，检查腹腔变化。摘除体腔内的器官，进行内脏检查。

（二）病理剖检方法

1. 皮下检查

检查重点是皮下组织颜色、水肿及出血情况。皮下组织水肿，有蓝绿色黏液，胸肌有灰白色的条纹，可见于硒－维生素E缺乏症。胸部皮下组织和肌肉出血，可见于黄曲霉素中毒。急性禽霍乱有时可见到皮下组织和脂肪有小出血点，鸡传染性法氏囊病也有肌肉出血变化，皮肤型马立克氏发病时，皮肤上有肿瘤。

2. 胸腹腔检查

检查重点是腹腔中腹水、血液渗出物等的量和性状。腹腔中积存血液或凝血块，常见于慢性鸡白痢、脂肪肝等。腹腔中有破碎的鸡蛋黄，或在内脏表面附有淡黄色黏稠的渗出物，可能是大肠杆菌、慢性鸡白痢、禽霍乱及输卵管破裂等。腹腔及内脏器官表面有石灰样的物质沉着，可能是痛风。雏鸡腹腔内有大量黄绿色渗出液，常见于硒－维生素E缺乏症。胸腹腔有出血点，见于败血症。胸腹腔中有针头及小米粒大小的灰白色或淡黄色结节，则可见于黄曲霉菌病。

3. 呼吸系统检查

鼻腔渗出物增多可见于鸡传染性鼻炎、鸡毒支原体病，也见于禽霍乱和禽流感。气管内有伪膜，为黏膜型鸡痘；有大量奶油样或干酪样渗出物，可见于鸡传染性喉气管炎和新城疫。管壁肥厚，黏液增多，见于新城疫、鸡传染性支气管炎、鸡传染性鼻炎和鸡毒支原体病。雏鸡肺有黄色小结节，见于曲霉菌性肺炎；雏鸡白痢时，肺有白色病灶，其他器官也有坏死结节；禽霍乱时，可见到两侧性肺炎，肺呈灰红色；肺表面有纤维素，常见于鸡大肠杆菌病。气囊壁肥厚，有干酪样渗出物，见于鸡毒支原体病、鸡传染性鼻炎等；气囊壁附有纤维素性渗出物，常见于鸡大肠杆菌病；肺气囊有卵黄样渗出物，为鸡传染性鼻炎的病变。

4. 消化道检查

食管、嗉囊有散在小结，为维生素缺乏症。腺胃黏膜出血，多见于新城疫和禽流感；马立克氏病发生时见有肿瘤。肌胃角质层表面溃疡，在成鸡多见于饲料中鱼粉和铜含量太高，雏鸡常见于营养不良；创伤，常见于异物刺穿；萎缩，发生于慢性疾病及日粮中缺少粗饲料。肠胃变化检查重点是胃肠道黏膜、内容物的变化及寄生虫等。腺胃乳头出血，肌胃角质膜下出血，腺胃与肌胃交接处溃疡，是新城疫的特征性病变。小肠黏膜深红色，有出血点，表面有多量黏性渗出物，常见于急性禽霍乱、新城疫等。盲肠肿大，肠壁黏膜深红色，肠腔中含有血液或血色内容物，多见于鸡球虫病。盲肠壁肥厚，内含黄色豆腐渣样的物质，可能是鸡盲肠肝炎。盲肠扁桃体肿大出血，可见于新城疫。法氏囊肿大，黏膜出血，内有污黄色豆腐渣样物，多见于传染性法氏囊病。

5. 心脏检查

检查心脏内、外颜色，有无肿瘤，心包积液多少和有无粘连。心内、外膜和心冠脂肪有出血斑点可见于急性禽霍乱、新城疫、禽流感等急性传染病，磺胺类药物中毒也可见此症状。心冠脂肪组织

变成透明的胶冻样，可见马立克氏病、禽白血病、慢性禽副伤寒和寄生虫病。心包内积存大量淡黄色液体，混有片状凝块，可见于禽霍乱、禽伤寒等。心脏变形，有肿瘤结节，常见于马立克氏病。心肌坏死灶，见于雏鸡白痢、李氏杆菌病等。

6. 肝脾检查

检查肝脾体积大小、软硬、颜色、有无出血、肿大、坏死灶等。肝脾肿大，色泽变浅，表面有灰白色斑纹或肿瘤结节，常见于马立克氏病和鸡淋巴细胞性白血病。肝表面有散在、点状、灰白色坏死灶，见于包涵体肝炎、鸡白痢、禽霍乱、禽结核病等。肝脏肿大，呈铜绿色，多见于慢性禽伤寒。肝黄色、硬化，表面粗糙不平，可见于黄曲霉中毒。肝包膜肥厚并有渗出物附着，可见于肝硬变、鸡大肠杆菌病和鸡组织滴虫病。

脾脏有大的白色结节，见于鸡急性马立克氏病及鸡的淋巴细胞性白血病和鸡结核；脾脏有散在微细白点，见于鸡白痢、结核；脾脏包膜肥厚伴有渗出物附着及腹腔有炎症和肿瘤时，见于鸡的卵黄性腹膜炎和马立克氏病。

7. 肾脏、胰脏检查

肾显著肿大，见于马立克氏病和淋巴细胞性白血病及肾型传染性支气管炎；肾内有白色微细结晶沉着，见于尿酸盐沉积；输尿管膨大，出现白色结石，多为中毒、痛风等疾病所致。雏鸡胰脏坏死，发生于硒–维生素E缺乏症。

8. 生殖系统检查

产蛋鸡感染沙门氏菌后，卵巢发炎、变形或萎缩；卵巢肿大，见于马立克氏病和淋巴细胞性白血病。输卵管内充满渗出物，常见于禽沙门氏菌病、鸡大肠杆菌病；肌肉麻痹或局部扭转会使输卵管充塞半干状蛋块；输卵管萎缩则见于鸡传染性支气管炎和减蛋综合征。睾丸萎缩、有小脓肿，则见于鸡白痢。

9. 法氏囊检查

法氏囊增大并带有出血和水肿，发生于传染性法氏囊病；马立克氏病可使法氏囊萎缩；发生淋巴细胞性白血病时，法氏囊常常有稀疏的肿瘤。

10. 神经系统检查

小脑出血、软化，多发生于幼雏的维生素E缺乏症；外周神经肿胀，见于马立克氏病。

三、实验室诊断技术

在家禽疾病诊断中，一般通过病历调查、临床检查和病理解剖对大多数家禽疾病作出初步诊断。但有时疾病缺乏临床特征而又需要作出正确诊断时，必须借助实验室手段帮助诊断。根据检查的方法不同，实验室检验可分为禽病的微生物学诊断、免疫学诊断和分子生物学诊断。

（一）微生物学诊断

运用微生物学的方法进行病原检查是诊断家禽传染病的重要方法之一。它一般包括采集病料、涂片镜检、病原的分离培养与鉴定、动物接种试验等程序。

1. 采集病料

为了使微生物学诊断结果准确，必须正确地采集病料。可根据对临床初步诊断所怀疑的疾病，作确诊或鉴别诊断时应检查的项目来确定采集病料的种类，按照无菌操作的要求从濒临死亡或死亡几小时内的家禽中采集病料，以使病料新鲜。较易采取的病料是血液、肝、脾、肺、肾、脑、腹水、心包液、关节滑液等。

2. 涂片镜检

少数的传染病，如曲霉菌病等，可通过采集病料直接涂片镜检而作出确诊。

3. 病原的分离培养与鉴定

根据各种病原微生物的不同特性，选择合适的培养基进行接种

培养。一般细菌可用普通的琼脂培养基、肉汤培养基及血液琼脂培养基。真菌、螺旋体及某些有特殊要求的细菌则用特殊的培养基。接种后，通常置于37℃恒温箱中进行好气培养，必要时进行厌氧培养。病毒分离后可接种于健康的鸡胚或鸭胚，接种途径应根据病毒性质而定，一般呼吸道感染的疾病可接种于尿囊腔或羊膜腔；嗜皮肤性病毒接种于绒毛尿囊腔；嗜神经型病毒接种于卵黄囊、脑内或绒毛尿囊膜。胚龄大小一般取决于接种途径，一般以9～10日龄为宜。为避免接种材料被细菌污染，可将病料研磨成悬浊液并进行离心沉淀后，加入青霉素、链霉素各1万国际单位/毫升，置于4℃冰箱感染4小时。获得的细菌或病毒必须用各种方法做进一步的鉴定，以确定其种属和血清型等。

（二）免疫学诊断

免疫学诊断是建立在抗原与相应抗体发生可见反应这一原理的基础上的，其在传染病的诊断、病原微生物的分类和鉴定及抗原分析等方面，均具有广泛的应用。用已知的抗体，可以对分离获得的病原微生物予以鉴定。相反，也可以通过已知的抗原对康复家禽、隐性感染家禽及接种疫苗后的家禽的抗体加以定性或定量测定。

1. 直接凝集试验

细菌、红细胞等颗粒性抗原与相应的抗体在电解质参与下，发生反应而相互凝集形成团块，这种现象称凝集反应。参与反应的抗体称凝集素，抗原称凝集原。按试验方法可分为试管法、玻片法、玻板法及微量凝集法等。

2. 间接凝集试验

将可溶性抗原或抗体吸附于与免疫无关的小颗粒载体的表面，此吸附抗原或抗体的载体颗粒与相应的抗体或抗原结合，在有电解质存在的适宜条件下发生凝集现象，这一过程称为间接凝集试验，亦称为被动凝集试验。常用的载体有动物红细胞、聚苯乙烯乳胶和活性炭等，吸附原抗原的颗粒称为致敏颗粒。

3. 血凝与血凝抑制试验

有些病毒具有凝集某种（些）动物红细胞的能力，称为病毒的血凝，利用这种特性设计的试验称红细胞凝集（HA）试验，以此来推测被检材料中有无病毒存在，是非特异性的；但病毒凝集红细胞的能力可被相应的特异性抗体所抑制，即红细胞凝集抑制（HI）试验，具有特异性。通过HA-HI试验，可用已知血清来鉴定未知病毒，也可用已知病毒来检查被检血清中的相应抗体和滴定抗体的含量。

4. 补体结合试验

如蛋白质、多糖、类脂质、病毒等与相应抗体结合后，该抗原抗体复合物可结合补体，但这一反应肉眼无法观察，如再加入溶血系统，通过观察是否出现溶血，来判断反应系统是否存在相应的抗原抗体。其中参与补体结合的抗体称为补体结合抗体。

5. 中和试验

病毒与相应的中和抗体结合后，可使病毒丧失感染力。中和反应不仅具有高度的种、型特异性，而且一定量的病毒必须有相应的中和抗体才能被中和。因此，中和试验不仅可用于病毒种类鉴定，还可用于中和抗体的效价滴定。

6. 免疫标记技术

利用某些能够通过某种特殊理化因素易于检测的物质标记抗体，这些被标记的抗体与相应抗原相结合，通过对标记物的检测，从而确定抗原的存在部位，此即免疫标记技术。免疫标记技术目前广泛应用的主要有免疫荧光技术、同位素标记技术（即放射免疫沉淀）和免疫酶技术等，前者主要用于抗原定位，后两者不仅可以用于定性、定量，还可以用于定位。

（三）分子生物学诊断

1. 聚合酶链式反应（PCR）技术

应用PCR技术可直接从各种组织、体液中检测到病毒，无需分

离培养，且有较高敏感性，可检出百万分之一的感染细胞，进行单拷贝的DNA检测。在应用时，PCR的技术操作及步骤均不断改进，衍生出了多个更具优势的新种类。PCR与核酸杂交技术相结合，可提高检测的特异性，进行快速诊断和毒株分型。

2. 多重PCR技术

多重PCR是在同一反应体系中加入1对以上引物，当与各引物对特异性互补的模板存在时，可在同一反应管中同时扩增出1条以上目的基因，将需要鉴别诊断的传染病一次性确诊。

第三章 鸡群主要病毒性传染病

一、禽流感

禽流感（avian influenza，AI）是由禽流感病毒（avian influenza virus，AIV）引起的、禽和人类及多种动物共患的病毒性传染病，也称欧洲鸡瘟。其中高致病性禽流感（highly pathogenic avian influenza，HPAI）被世界动物卫生组织（OIE）列为A类传染病，我国将其列为一类动物疫病。该病的主要特征为咳嗽、发热、伴有不同程度的呼吸道症状。AI具有传染性强、高发病率、高死亡率的特点，给养禽业带来严重的损失。目前对于防控AI应加强生物安全和综合防控措施，通过定期免疫接种确保养禽业的可持续发展。

（一）病原学

禽流感属于A型流感病毒，对许多禽类（火鸡、鸡、鹅和鸭等）、鸟类、哺乳动物及人类都具有感染性，其中火鸡最易感染，其次是鸡。根据AIV毒力和致病性不同，可将其分为高致病性禽流感（HPAI）、低致病性禽流感（low pathogenic avian influenza，LPAI）和无致病性禽流感。

AIV大多数亚型的毒株致病力均不高，一般只有H5和H7亚型具有高致病性。研究表明，LPAI可转变为HPAI，LPAI毒株在禽间流行大约8个月后，能迅速变异为HPAI毒株。

AIV对外界环境抵抗力差，不耐热、不耐紫外线，对低温和干燥环境的抵抗力强，60℃ 20分钟即可使病毒完全灭活，对酸、乙醚、紫外线及甲醛和常用消毒剂敏感，用常用消毒剂即可将其杀灭。

（二）流行病学

禽类是AIV的自然宿主，尤其是野生水禽和家禽，其中患病家禽和带毒禽类是该病主要传染源。AIV除了通过气源呼吸道、消化道进行传播外，还可以通过被污染的水源、饲料、笼具、料槽、运输工具等进行机械性传播。因此，AIV传播途径具有多样性，对防控工作造成了一定的挑战。其中，感染AIV的蛋鸡可造成种蛋带毒，被污染的种蛋可导致鸡胚死亡。该疾病一年四季均可发病，无明显季节性，但在早春和晚秋及冬季多发，饲养管理不当、气候骤变、寄生虫侵袭均可导致该病的流行。

（三）临床症状

1. 高致病性禽流感

病禽通常不出现前驱症状，一般突然发病，无明显症状迅速死亡。病程缓和的主要表现为：体温升高，精神萎靡，食欲减退进而废绝，身体严重蜷缩，羽毛松乱；咳嗽，啰音，呼吸困难，张嘴呼吸，口腔中有脓性分泌物，鸡冠、肉髯发绀，眼睑水肿、发绀或坏死，眼、鼻有浆液样分泌物；腿部鳞片有红色或紫红色出血，下痢、排黄绿色稀粪，蛋鸡产蛋量明显下降，畸形蛋、软壳蛋增多，最后出现头颈震颤、角弓反张、头颈歪斜、圆圈运动等神经症状。发病率和病死率高达70%。

2. 低致病性禽流感

野生禽类感染LPAI病毒后大多不产生临床症状，该病多发于30日龄以上的家禽，主要感染成年产蛋鸡，鹅和鸭亦可感染发病。潜伏期在几小时到几天不等，由于家禽的种类、日龄、饲养环境的不同，表现的临床症状差异较大。主要表现为体温偏高、精神沉郁、采食量下降；伴有一定程度的呼吸道症状，咳嗽、喘鸣、出现啰音、流泪，眼、鼻有黏液状分泌物，头部肿大，鸡冠发绀；腿部鳞片有明显血斑，排白色、褐绿色粪便。产蛋率下降30%～90%，破壳率增加，若继发感染非典型新城疫、大肠杆菌病等，死亡率可达10%～20%，其中肉鸡感染后死亡率更高。

（四）病理变化

病鸡感染HPAI病毒最急性的是无明显症状突然死亡，急性型病鸡头部、眼睑、颈部和胸部等肿胀，组织呈淡黄色，喉头和气管黏膜充血、出血，伴有黄色干酪样渗出物，心冠脂肪和心外膜有出血点，常伴有心包积液，心脏软化；肝、脾、肾等内脏实质性器官有坏死灶。腺胃乳头出血，肌胃角质下层出血，腺胃黏膜有大量分泌物，十二指肠、盲肠扁桃体、泄殖腔黏膜充血出血；胰腺有淡黄色的坏死灶，输卵管黏膜和卵巢充血出血，卵泡变形，破裂后导致卵黄性腹膜炎，公鸡睾丸坏死；法氏囊萎缩、充血、出血。通过镜检后可发现存在脑炎，能发现较多血管套，神经细胞严重受损，坏死区存在神经胶质细胞增生。

感染LPAI病毒的病鸡呼吸道、喉头气管有针尖样的出血点，气管黏膜水肿，伴有黏液或干酪样分泌物，严重时堵塞气管。若继发细菌感染可引起纤维素性肺炎，小肠和盲肠出现卡他性炎症，腹腔可见卵黄性腹膜炎，个别鸡肾脏肿胀充满尿酸盐，卵泡充血、变形、液化。

（五）诊断

根据流行病学、临床症状、病理变化，可作出初步诊断，确诊需借助分子生物学等一系列实验室诊断技术，目前常用到的实验室诊断技术包括病毒分离鉴定、血凝（HA）和血凝抑制（HI）试验、酶联免疫吸附试验（ELISA）等。采集患病禽类的气管、肺脏、肾脏、脾脏等内脏器官进行磷酸盐缓冲液（PBS）匀浆处理，离心取上清液接种于9～11日龄无特定病原（SPF）鸡胚尿囊腔，收集尿囊液测定其血凝活性，若为阴性，则继续盲传2～3代。若有血凝活性的尿囊液，则需用新城疫病毒（NDV）抗血清做血凝抑制

实验，排除ND感染。用免疫扩散等方法来测定特异性抗原核糖蛋白（NP）、基质蛋白（MP），进行血凝抑制实验和神经氨酸酶抑制实验鉴定A型流感病毒亚型。

（六）综合防控

1. 加强饲养管理

养殖场应采取封闭式管理模式，实行全进全出制度，树立"防重于治"的理念，严禁从疫区引进病禽类以及禽副产品，避免外来毒株的侵入。控制外来人员及车辆进出养殖场，进出养殖场的外来车辆需进行严格的消毒，外来人员进行消毒隔离后方可进入养殖场。改善饲养管理模式，根据鸡生长发育需求，及时调整饲粮全价性，以增强禽体体质，提高禽体对疾病的抵抗力。注意养殖卫生，定期通风换气，防止有害气体积累；调控舍内温度、湿度，确保舍内空气清洁、卫生、干燥。及时清理舍内粪污，并集中无害化处理。不同鸡种禁止混养，且不得共用同一水源，定期进行血清学监测。

2. 应急措施

一旦出现疑似病例，应立即上报，及时划分疫区和受威胁区域，并对疫区进行严格封锁，禁止禽类及禽副产品外运。若确诊为HPAI，则禁止私自售卖，并对疫区所有家禽进行扑杀并无害化处理；对疫区进行彻底消毒，常用酚类消毒剂、氢氧化钠、甲醛等。对所威胁区进行紧急免疫接种，但要注意疫苗毒株各亚型之间缺乏交叉免疫力，应选用与地方流行株亚型一致的疫苗，建立免疫隔离带，确保疫情得到有效控制，不蔓延周边。

3. 免疫接种

AI防控方面，除了提升鸡的抵抗力、减少应激反应、保证养殖场卫生之外，养禽户还需因地制宜制订免疫接种程序。目前，市面上已有多种AI疫苗，应该根据需求选择性接种，使鸡群产生相应的免疫力。一般在5～15日龄时，对鸡群进行初次免疫，在50～60日龄或开产前等阶段进行第2次免疫，可以有效降低鸡感染AIV的概率。接种结束后，做好抗体监测工作，确保接种整齐度和高效性。

二、新 城 疫

新城疫（newcastle disease，ND）是由新城疫病毒（newcastle disease virus，NDV）引起的鸡呼吸困难、下痢、伴有神经系统紊乱及黏膜和浆膜出血等临床症状的高度接触性、致死性的动物传染病。NDV主要感染家禽和水禽等，其中鸟类和啮齿类动物也会成为NDV的宿主。世界动物卫生组织（OIE）将ND列为A类疫病，我国将其列为二类动物疫病。

（一）病原学

NDV属于副粘病毒，为单股负链RNA病毒。NDV能凝集鸡、鸭、鹅及人等动物的红细胞，该凝集反应能被特异性抗血清所抑制，因此，临床上常用这一特性来鉴定NDV。该病毒主要存在于鸡的血液、所有组织器官及排泄物和分泌物中，其中脑、脾脏和肺脏含毒量最高。

NDV在自然环境下非常稳定，一般在空气中可以存活7～10天，在-25℃下可存活8～10年，在55℃下45分钟即可将其杀灭。NDV对常用消毒剂敏感，临床上常用氢氧化钠、福尔马林、漂白粉等消毒剂。

（二）流行病学

在自然条件下，ND主要发生于鸡、火鸡等动物中，野生鸟类及笼养鸟类也能感染该病，临床症状或隐性经过。在所有易感动物中，鸡为最易感。鸡感染NDV不受品种限制，不同品种的鸡均可感染，尤其是幼雏和中雏易感性最高。该病的主要传染源是病鸡和带毒鸡，其他家禽、野生鸟类、啮齿类动物、寄生虫也可造成疫病

传播。传染源通过口、鼻分泌物及泄殖腔排泄物等持续向外界环境排毒，易感鸡群接触后容易感染。ND主要通过消化道和呼吸道传播，也可通过创口、眼结膜侵入机体。其中被污染的饲料、水源及设备设施也可导致该病的发生。

此病无明显季节性，一年四季均可发病，尤其是在初春和秋冬发病率最高。该病发病率和病死率均比较高，可达90%以上。由于ND具有发病急、传播速度快、触性传播、病鸡痊愈后仍能向外界排毒等特点，及时扑杀带毒鸡和病鸡是防控疾病的关键。

（三）临床症状

鸡自然感染NDV后，潜伏期为3～5天。根据临床症状可分为典型ND和非典型ND。

1. 典型ND

（1）最急性型。常见初发本病的地区或流行初期，病鸡突然发病，无明显症状突然死亡。

（2）急性型。最为常见，病鸡体温升高，最高可达43～44℃，精神不振、闭眼嗜睡、食欲减退甚至废绝，鸡冠、肉髯呈红色或紫黑色，羽毛松乱、头颈后缩、行动迟缓、喜卧、翅膀下垂、呼吸困难、咳嗽、张嘴呼吸，有喘鸣声、鼻有黏性分泌液并发出尖锐叫声或喘鸣，嗉囊充满液体，倒提时有大量黏性酸臭液体从鼻孔和嘴流出，排黄绿色或黄白色稀粪，后期呈蛋清样。产蛋鸡群产蛋率急剧下降，产软壳蛋甚至不产蛋。即使恢复产蛋，对鸡的生长发育或者产蛋效率也有一定的影响。部分感染NDV病程稍长的鸡会出现头颈歪斜，呈观星状最后昏迷死亡。病程长约5天，病死率高。

（3）亚急性型和慢性型。慢性多由急性转化而来，症状与急性型相似，出现神经症状，头颈歪斜、腿翅膀麻痹、跛行、站立不稳、喜卧、全身肌肉抽搐、原地转圈最后昏迷死亡。死亡率约为45%，病程为10～20天，慢性型多发生于疾病流行后期的成年鸡，但病死率较低，个别鸡可自行康复，但对外界刺激极度敏感，容易出现短暂的全身抽搐、倒地旋转等现象，数分钟之后恢复正常。

2. 非典型ND

多见于免疫程序不合理的鸡群，病情比较缓和，仅有呼吸道和神经症状，发病率和死亡率均较低。

（四）病理变化

1. 典型ND

病理变化主要表现为全身黏膜和浆膜出血，以消化道和呼吸道最为明显，特征性病变是嗉囊内充满大量酸臭液体，腺胃黏膜肿胀，腺胃乳头肿胀突起、出血，腺胃乳头和乳头间有出血斑，肌胃、腺胃交界处出现条纹状出血斑点或溃疡性坏死灶，十二指肠、盲肠等消化道黏膜有坏死性伪膜和溃疡。盲肠扁桃体肿大出血，直肠、泄殖腔黏膜出血。心尖、心外膜、心冠脂肪出现针尖样的出血点；鼻腔、咽喉、气管等黏膜有充血、出血的症状；肺有时可见淤血或水肿，甚至出现间质性肺炎。产蛋鸡卵泡和输卵管显著充血、出血、液化，甚至卵泡破裂引起卵黄性腹膜炎。个别病鸡出现脑膜、脑实质充血、出血，肝、脾、肾等无明显病变。

2. 非典型ND

病理变化仅表现为黏膜卡他性炎症，喉头和气管充血、出血，小肠和直肠黏膜有不同程度的出血，回肠黏膜有枣样肿大凸起，泄殖腔和扁桃体出血。

（五）诊断

根据临诊诊断、病因、病史、流行病学、特征性症状和病理变化可作出初步诊断。典型病例可以在现场作出诊断，必要时可进行实验室诊断。本病应与禽霍乱、高致病性禽流感相区别。

1. 病毒分离鉴定

采集病鸡脑、肺、脾等内脏器官进行PBS匀浆处理，接种于9～11日龄SPF胚尿囊腔或卵黄囊进行分离培养，在37℃的环境中培

养，收集死亡鸡胚及无菌采集尿囊液，用已知血清做血凝与血凝抑制的试验以分离鉴定NDV。

2. 血凝抑制试验

用已知抗原做血凝抑制试验，其中未接种NDV疫苗的鸡，当HI效价在1∶40以上，可判断为阳性，接种NDV疫苗的鸡，HI效价在1∶128以上则为强毒株感染。

（六）综合防控

1. 强化鸡群的饲养管理

由于NDV感染后大多数情况下都会出现大规模感染的现象，免疫接种在一定程度上可以减少病毒对宿主的危害，但不能将该病毒从宿主体内根除，因此，防控NDV主要依靠免疫接种，同时要早发现、早扑灭，坚持以预防为主的防疫原则。NDV主要通过消化道、呼吸道进行传播，因此，我们应建立免疫监督制度，保持饲养环境干净卫生，执行严格的消毒措施，及时对粪便进行无害化处理，同时鸡舍应实施全进全出制度和封闭式管理模式。严格执行卫生防疫制度，防止一切带毒动物进入鸡舍，禁止从疫区引进鸡苗、种蛋及饲料，应在鸡场的进出通道设置消毒池，进场车辆和人员必须进行消毒后方可进入养殖场。加强精细化饲养管理模式，饲养密度不宜过大，鸡舍要通风良好，定期通风换气、加快空气流动，减少有害气体的积聚，避免NDV通过呼吸道进行传播。根据鸡生长各阶段营养需求合理调整饲料搭配，确保饲料营养全面，进一步提高鸡群免疫力与防病力。

2. 定期免疫接种

定期免疫接种是预防ND发生的根本措施，制订合理的免疫程序，在鸡只1～3日龄进行初次免疫，用Ⅱ系、Ⅳ系或克隆株疫苗对鸡只进行滴鼻、滴眼；初次免疫的1～2周后进行第2次免疫，用Ⅳ系或克隆株疫苗对鸡只进行滴鼻、滴眼；在第2次免疫的2～3周后进行第3次免疫，用NDV（LoSota株）+传染性支气管炎（H_{120}）活疫苗对鸡只进行滴眼、滴鼻；在鸡只8~10周龄时进行第4次免疫，用Ⅳ系或克隆株气雾免疫或点眼，其中气雾免疫容易引起其他呼吸道疾病；最后一次免疫在鸡只16~18周龄时，使用新城疫+禽流感（H9）灭活二联苗进行肌内注射。其中，产蛋种鸡经疫苗接种后，可将抗体通过卵黄传递给雏鸡，对雏鸡起到一定的保护作用，但母源抗体对雏鸡免疫接种存在一定的干扰作用。定期对免疫鸡群进行微量血凝抑制试验，可作为制订免疫程序的参考依据。

3. 应急措施

若发现NDV的强毒株，应及时划分疫点、疫区、受威胁区。对疫点进行封锁，及时上报疫情，对疫点内的鸡群进行扑杀并无害化处理，以及进行紧急消毒，及时对受威胁区的易感动物进行紧急接种，防止疫情蔓延，当最后一病例痊愈或死亡后，且2周内没有新的病例出现，经终末消毒后可以解除封锁。

三、马立克氏病

马立克氏病是由马立克氏病病毒（marek's disease virus，MDV）引起鸡的一种高度接触传染的淋巴组织增生性肿瘤疾病，以内脏器官、外周神经、性腺、虹膜、肌肉和皮肤单独或多发的淋巴样细胞浸润为特征。本病不仅因其造成严重的经济损失而受到兽医界的广泛重视，而且可作为研究肿瘤发生、发展和免疫的重要动物模型，以及作为世界上第1个能用疫苗预防的肿瘤病，也受到了医学界的关注。

（一）病原学

马立克氏病病毒属于疱疹病毒科疱疹病毒亚科马立克病毒属禽疱疹病毒二型。

利用琼脂扩散方法可将该病毒分为3种血清型：血清1型包括所有致瘤的马立克氏病病毒（含超强毒、强毒及其致弱的变异毒

株）；血清2型包括所有不致瘤的马立克氏病病毒；血清3型包括所有的火鸡疱疹病毒及其变异毒株。该病毒可以在鸡胚和雏鸡体内繁殖，游离株在外界可存活1～4个月，非游离株抵抗力弱，常用5%福尔马林溶液、2%氢氧化钠溶液将其灭活。

（二）流行病学

病鸡和隐性感染鸡是主要的传染源。呼吸道是最重要的传播途径。绝大多数鸡在生命的早期吸入有传染性的皮屑、尘埃和羽毛而引起鸡群的严重感染。吸血昆虫也有可能是传播本病的媒介，如某些蚊虫、鸡螨及甲虫等。马立克氏病主要宿主是鸡。易感性由易到难依次为鸡、乌骨鸡、火鸡、珍珠鸡。雏鸡比成鸡易感。雉等可观察到类似马立克氏病的病变。自然感染的蛋鸡，多在2～5月龄发病，最早3周龄就能发病；肉仔鸡多在40日龄之后发病。本病的发生与饲养管理条件有密切关系、无季节性。

（三）临床症状

自然感染的病禽出现病变和排出病毒的时间较难确定。根据病变发生的主要部位和症状，可分为4种类型：内脏型、皮肤型、神经型和眼型。

（1）内脏型。该型多呈急性暴发，常见于50～70日龄的鸡群，开始时以大批鸡精神萎靡、食欲下降、明显消瘦为主要特征，几天后部分病鸡出现共济失调、呆顿，常缩颈蹲在墙角下。病鸡羽毛松乱无光泽，皮肤苍白，排绿色稀便。部分病鸡死前无特征性临床症状，很多病鸡表现出脱水、消瘦和昏迷，甚至突然死亡。

（2）神经型。病毒以侵害周围神经为主。最常发生病变的为坐骨神经，呈一腿伸向前方另一腿伸向后方的特征性姿态；臂神经受侵害时则被侵侧翅膀下垂；当支配颈部肌肉的神经受侵害时，病鸡发生头下垂或头颈歪斜；当迷走神经受侵时则可引起失声、嗉囊扩张及呼吸困难；腹神经受侵时则常有腹泻症状。病鸡病侧肌肉萎缩，有凉感，爪子多弯曲。病鸡前期步态不稳，发生不完全麻痹，后期则完全麻痹，不能站立，蹲伏在地上。

（3）皮肤型。病鸡可见体表毛囊腔形成结节及小肿瘤状物。病变开始时常见于大腿部、颈部、两翅及躯干背面生长粗大羽毛的部位，随后遍布全身。

（4）眼型。病鸡出现于单眼或双眼，视力减退或消失，无法对光线进行正常调节，瞳孔边缘不整齐呈锯齿状，到后期瞳孔只剩下一个针头大的小孔。虹膜失去正常色素，呈同心环状或斑点状，颜色变为弥漫的灰白色，眼球如鱼眼。

（四）病理变化

（1）内脏型。病鸡以心、肝、脾、肺、肾、胰腺、腺胃等众多的内脏出现肿瘤为特征。其中以肝脏、腺胃的发生率最高。

（2）神经型。病变主要在外周神经中的腹腔神经丛、臂神经丛、坐骨神经丛和内脏大神经等。由于神经组织中有大量淋巴样细胞浸润和水肿，病变神经粗肿，呈灰白色或黄白色，纹理消失。神经表面偶然可见大小不等的结节，使病变粗细不匀。病变中相比较于对侧变化轻微的神经，病变神经更多为一侧性。

（3）皮肤型。以皮肤毛囊形成小结节为特征。在翅膀、颈部、尾部上方及大腿处有肿瘤结节，若表面有大量增生性病变可引起表皮的破裂、溃疡。

（五）诊断

马立克氏病是高度接触传染病，实际上在鸡群中普遍存在，只有小部分感染鸡只发展成为临诊马立克氏病。本病可根据流行病学特点、临床症状、病理变化等进行诊断，特别是剖检变化特点；观察到外周神经有病变、皮肤肌肉出现肿瘤、鱼眼病变、120日龄内出现内脏肿瘤均可诊断。

实验室检查主要采用琼脂免疫扩散试验、放射性沉淀试验、

ELISA、直接或间接荧光实验、中和试验等。病毒分离鉴定则可取病鸡的肿瘤组织、血淋巴细胞或单核细胞悬液接种鸭胚成纤维细胞或鸡胚肾细胞，待细胞出现蚀斑后采用荧光抗体染色或特异性单克隆抗体进行鉴定。

（六）综合防控

本病无特效药，病鸡只能淘汰，种鸡群要检疫净化。接种疫苗是预防本病的主要措施。马立克疫苗在控制本病中起关键作用，应按免疫程序预防接种马立克疫苗，防止疫病发生。出壳小鸡24小时内注射疫苗。一般情况下，注射火鸡HVT-FC126冻干苗，疫情严重特别是感染超强毒株时，宜用SB-1+FC126或Z4+FC126液氮苗。结合综合卫生防疫措施，加强孵化室的卫生消毒工作和育雏期的管理，种蛋要熏蒸消毒，防止出雏和育雏阶段早期感染以保证和提高疫苗的保护效果。

四、禽白血病

禽白血病（avian leukosis，AL）是一类由若干共同特性的病毒感染引起的家禽多种肿瘤性疾病的总称。患有本病的禽类存在多种良性和恶性肿瘤性疾病，临床上多以免疫抑制、生长抑制和多器官组织出现肿瘤等为主要特征。大多数肿瘤侵害造血系统，少数侵害其他组织。由于感染的毒株不同，禽白血病的临床症状及病理变化非常复杂，据此常分为以下四种类型：淋巴细胞性白血病、成红细胞性白血病、成髓细胞性白血病和骨髓细胞瘤性白血病。

（一）病原学

根据病毒包膜蛋白的抗原性的不同、病毒干扰实验、宿主范围等生物学特性，将禽白血病肉瘤病毒群分成A～J共10个亚群，其中鸡是A、B、C、D、E和J亚群的宿主。禽白血病病毒对脂溶剂和去污剂敏感，对热的抵抗力弱。病毒材料需保存在-60℃以下，在-20℃很快失活。

（二）流行病学

鸡是本群所有病毒的自然宿主，所有品系肉用鸡都易感，蛋用型鸡较少发病。如肉瘤病毒宿主范围广泛，野鸡、珠鸡、鸭、鸽、鹌鹑、火鸡和鹧鸪人工接种均可引起肿瘤。不同品种或品系的鸡对病毒感染和肿瘤发生的抵抗力差异非常明显。同时，因病毒群引起病型间的差异，鸡群中发病情况也不一样。禽白血病的传染方式主要有垂直传播和水平传播，先天感染的胚胎对病毒产生免疫耐受，出壳后成为有病毒血症而无抗体鸡，血液和组织含毒量很高，成年时有相当高比例的母鸡把病毒传给子代。

（三）临床症状

人工感染禽白血病的雏鸡潜伏期为14～30周，感染鸡以淋巴细胞性白血病最为常见，病禽产蛋性能急剧降低，性成熟延迟，产软壳蛋且受精率和孵化率降低，鸡生长速度缓慢。不同类型症状如下：

（1）淋巴细胞性白血病。淋巴细胞性白血病的潜伏期长，自然病例可见于14周龄后的任何时间，但通常以性成熟时发病率最高。淋巴细胞性白血病无特异性临诊症状，一旦出现临诊症状，通常病程发展很快。可见鸡冠苍白、皱缩，间或发绀，食欲不振、消瘦和衰弱；腹部增大，可触摸到肿大的肝、法氏囊和肾，隐性感染可使蛋鸡和种鸡的产蛋性能受到严重影响。

（2）成红细胞性白血病。此病并不常见。通常发生于6周龄以上的高产鸡。临床上分为两种病型：增生型和贫血型。两者前期均为嗜睡、鸡冠稍苍白或发绀；后期下痢、消瘦、部分毛囊出血。

（3）成髓细胞性白血病。此型在自然病例中较为罕见。临床表现为嗜睡、贫血、消瘦、毛囊出血，病程比成红细胞性白血病长。

（4）骨髓细胞瘤性白血病。此型自然病例极其罕见。全身症状与成髓细胞性白血病相似。由于骨髓细胞的生长，鸡头部、胸部和跗骨异常突起。

（四）病理变化

常见的肿瘤分布在心、肝、脾、肺、肾、法氏囊、性腺、骨髓，肿瘤的大小不同，可分为粟粒性、结节性或弥漫性。

（1）淋巴细胞性白血病。肝脏弥漫性肿大，表面形成大小不一的结节状肿瘤，单个存在或密集分布；脾脏肿大，表面和切面有灰白色肿瘤，法氏囊肿大。此外，肾、肺和心有时也发生肿瘤。

（2）成红细胞性白血病。增生型的特征性肉眼病变是肝、脾、肾呈弥漫性肿大，呈樱桃红色到暗红色，有的剖面可见灰白色肿瘤结节。贫血型病鸡的内脏常萎缩，特别是脾最明显，骨髓色淡呈胶冻样。

（3）成髓细胞性白血病。在肝脏偶然也见于其他内脏发生灰色弥散性肿瘤结节及关节病变。

（4）骨髓细胞瘤性白血病。骨髓细胞呈淡黄色、柔软脆弱，脾脏切面呈干酪样坏死，呈弥散或结节状，且多两侧对称。

（五）诊断

禽白血病主要根据流行病学和病理学检查进行判断。其中淋巴细胞性白血病需与马立克氏病进行鉴别诊断，患本病的病鸡外周神经并没有肿瘤病变。鸡在16周龄以上性成熟时发病率达到峰值，肝显著肿大并有肿瘤，法氏囊通常不萎缩，但常伴有肿瘤。诊断过程中很少采用病毒分离鉴定手段。

（六）综合防控

由于本病能够通过垂直传播方式传播，先天感染的免疫耐受鸡成为最重要的传染源，因此，本病防治重点并不在疫苗免疫上，目前也暂无可用的疫苗。减少种鸡群的感染率和建立无禽白血病的种鸡群是防治本病有效的措施。除经常性检疫、消毒、搞好环境卫生、加强饲养管理外，孵化用的种蛋和留种用的种鸡，必须向无病的鸡场购买，注意雏鸡与成年鸡隔离饲养，从源头控制，堵截传染源。

五、传染性法氏囊病

传染性法氏囊病（infectious bursal disease，IBD）是由鸡传染性法氏囊病病毒（infectious bursal disease virus，IBDV）引起的一种急性、高度接触性传染病。本病主要侵害鸡的体液免疫中枢器官法氏囊等淋巴组织，因此，危害不仅表现在疫病本身，更会引起鸡只的免疫机能障碍，影响各种疫苗的免疫应答，甚至导致免疫失败。由于免疫抑制，引起继发和并发其他疾病（主要是新城疫、马立克氏病、鸡大肠杆菌病、巴氏杆菌病、禽沙门氏菌病、鸡球虫病），鸡只死亡率升高，给养鸡业带来严重灾害。该病于1957年首次发现于美国特拉华州甘布罗（Gumboro）地区。60多年来，IBD一直威胁着养禽业的发展。免疫抑制，抗原变异，特别是超强毒株（vvIBDV）的出现，使得该病的防控形势更加严峻。OIE已将IBD列为"影响社会经济的重要疾病"。

（一）病原学

IBDV是一种无囊膜的RNA病毒，具有单层衣壳，呈二十面体立体对称，病毒粒子直径50～60nm。IBDV基因组由A、B两个双链RNA节段构成。A节段编码VP2蛋白、VP4蛋白、VP3蛋白和VP5蛋白。B节段编码产生VP1蛋白，其中VP1、VP2、VP3和VP4为结构蛋白。VP2是IBDV的主要结构蛋白和保护性抗原成分，并可诱导哺乳动物细胞凋亡。

（二）流行病学

IBD于1957年在美国特拉华州甘布罗（Gumboro）镇的肉鸡群中首次发现，因此该病被命名为"甘布罗病"。该病分别被OIE及中国规定为家禽B类/二类传染病。自报道以来，IBD已先后流行于美国、英国、日本、中国、印度等30多个国家和地区，呈世界性流行，受到了全世界养禽业的重视。IBD多在2~8周龄的雏鸡中发生，但近年来蛋鸡和10周龄以上的雏鸡时有发生，一年四季都有发病的可能，常反复发作，有时呈现非典型性流行。IBD经消化道、呼吸道、直接接触传染，或通过接触被病毒感染的饲料、水、用具等传播，也可通过人和昆虫等动物媒介传播。该病毒抵抗力和存活力强，被感染后难以根除。目前流行毒株中危害严重的有超强毒株（vvIBDV）和变异株（vIBDV），这些病毒的变异使疾病的流行出现了一些新特点：发病的日龄范围扩大，发病率和死亡率增加，发病的表现不明显，病程延长，免疫极易失败，且出现了免疫抑制，近年来更是发现了宿主范围拓宽的现象，麻雀、鸭和鹅等都可成为IBDV的自然宿主，给IBD的防控带来了新的难题。

（三）临床特征

鸡传染性法氏囊病的潜伏期为2~3天，初期症状是部分鸡啄肛门羽毛，厌食，无神，羽毛松乱、无光泽，皮肤干燥，精神沉郁、思眠，排出白色或黄色水样粪便，颈部、躯干部震颤，步态不稳，头下垂，眼睑闭合，脱水，眼窝凹陷，最后衰弱而死亡，病程5~7天。病愈鸡生长发育不良，全身免疫机能降低，易感染其他疾病。

鸡群突发急性IBD时，食欲废绝，精神不振，缩颈，1/3的病鸡发烧（41.5~42℃），渴欲旺盛，饮水量剧增。病鸡可在出现症状后1~2天死亡，3~6天为死亡高峰期，6天后死亡率逐渐下降，9天后死亡迅速停止。

（四）病理变化

病死鸡尸体脱水，胸、腿肌肉出血，腺胃和肌胃交界处有条状出血点，肾脏苍白肿大，肾小管和输尿管扩张，内有尿酸盐潴留。脾脏轻度肿胀，表面有弥散性的灰色点状坏死灶。特征性病变为法氏囊内黏液增多，法氏囊水肿和出血，体积和重量可达正常值的2～3倍，浆膜覆盖淡黄色胶样渗出物，囊本身由正常的白色变为奶油黄色。感染的第5天，法氏囊开始缩小，到第8天约为正常大小的1/3，切开后黏膜皱褶多混浊不清，黏膜表面有点状出血或弥漫性出血，严重者法氏囊内有干酪样渗出物。

（五）诊断

1. 病毒分离鉴定

取发病典型鸡的法氏囊和脾，经磨碎后加入肉汤或灭菌生理盐水制作IB5或IB10悬液，离心沉淀取上清液加入青霉素、链霉素各1 000单位/毫升，作用6小时，取上清液经绒毛尿囊膜接种10～12日龄鸡胚。受感染的鸡胚在3～5天死亡，可见到胚胎水肿、出血。为了鉴定是否为IBDV，可用已知的阳性血清在鸡胚或鸡胚成纤维细胞培养物上做中和试验。

2. 血清学试验

常用的方法有琼脂扩散试验（AGP）、病毒中和（VN）试验、荧光抗体试验、酶联免疫吸附试验（ELISA）。

（六）综合防控

1. 科学合理的免疫程序

IBD的免疫程序根据雏鸡母源抗体水平而定。根据雏鸡母源抗体水平，用标准抗原，测定鸡群抗原水平，针对不同阳性率鸡群确定适当的初次免疫和第2次免疫时间。免疫程序中，确定活疫苗首次接种的日龄最重要，在合适的时间进行第2次免疫，保证获得较

好的免疫效果。严格说此病无统一的免疫程序，必须根据当地流行病毒毒株的毒力和不同日龄雏鸡母源抗体的消长情况而定。一般来说，在低或无母源抗体时，1～3日龄时初次免疫，28～35日龄第2次免疫；在高母源抗体水平时，宜在18日初次免疫，28～35日龄第2次免疫；如母源抗体水平参差不齐，则在16～22日龄做一次性免疫接种。在生产中，最好使用滴口或注射的免疫方法。滴口免疫时，在疫苗溶液中加入0.2%鲜牛奶；注射免疫时应给鸡群饮用免疫增强剂和多种维生素，以减轻应激反应，加强免疫应答作用。如果采取饮水免疫，配置疫苗用水的氯及金属离子尤其铁含量不要超标，配置好的疫苗溶液避免阳光直射、高温，搁置时间不宜过长。生产中使用的疫苗从剂型上分IBD弱毒活疫苗、IBD弱毒疫苗和IBD灭活疫苗；针对不同毒株分单价、双价和三价弱毒冻干疫苗。IBD弱毒疫苗为细胞繁殖的弱毒疫苗，适用于雏鸡，不能用于种鸡，该疫苗的安全性好，但产生抗体能力差，对含有母源抗体的雏鸡免疫效果差；毒力较强的疫苗适用于含有中等或较高母源抗体的鸡群，而对于低母源抗体或没有母源抗体的雏鸡会有毒性。所以，必须搞清雏鸡的母源抗体后，再选择合适的疫苗。

2. **发病鸡的紧急处理措施**

（1）隔离病鸡，对养鸡环境严格消毒。

（2）夏季降低鸡舍温度和饲养密度，冬季提高温度。

（3）降低饲料蛋白含量，添加维生素和微量元素。

（4）发病鸡群肌内注射IBD高卵黄抗体和使用抗菌药。

（5）全群肌内注射倍量中等毒力IBD疫苗和饮水紧急接种。

3. **治疗**

治疗该病可采用法氏囊抗血清或高免卵黄抗体，每只鸡注射抗血清0.5～1毫升，高免卵黄抗体注射1～2毫升，使用2～3次才可见效。复方炔诺酮片（每片含炔诺酮0.6毫克、炔雌酮0.035毫克），按0.5片/千克体重，2次/天，连喂2～3天，拌入饲料中或口服，投药后8小时即可缓解症状。应用中草药防治IBD的临床案例较多，研究也较深入。目前对该病防治，多数学者组方上采用以清热解毒、泻火燥湿为主的治法，但近来有倾向扶正祛邪、清补并用的趋势。

六、鸡传染性支气管炎

鸡传染性支气管炎（infectious bronchitis，IB）是由鸡传染性支气管炎病毒（infectious bronchitis virus，IBV）所引发的一类高度接触传染性、急性、病毒性呼吸道疾病，广泛分布于世界范围内，是一种对于全球的养殖业具有严重威胁性的重大传染病，该病的发生会对养鸡业造成巨大的经济损失。其主要特征为气管啰音、打喷嚏、咳嗽等。发病后，病毒会侵害病禽的泌尿生殖系统、呼吸系统、消化系统等。这种疾病的死亡率较高，不同品种和日龄的鸡均可感染，感染的小鸡会死亡，而成年产蛋鸡群被感染之后，会导致产蛋量减少，体质下降。另外，还会导致受到感染的雏鸡群增重及饲料报酬显著下降。

（一）病原学

IBV归属冠状病毒科，为单链RNA病毒。

IBV的致病性较为复杂，IBV基因组十分容易发生突变、缺失、插入及毒株间的同源重组，导致新基因型甚至新血清型不断出现，且各血清型间交叉保护作用强弱不一，其主要变异位点位于S1基因。IBV既可根据其对组织的侵蚀性分类，也可根据其血清型和基因型等分类。目前，已报道的IBV血清型有30余种。不同血清型毒株在毒力、致病性和组织嗜性上存在很大差异，相互间没有或仅有部分交叉免疫性。

（二）流行病学

本病仅发生于鸡，任何日龄的鸡均有可能发生，但雏鸡感染后病情最严重，使其发生死亡。鸡舍温度过高或寒冷，鸡群过于聚集拥挤，鸡舍通风不良，都有可能感染该疾病。与此同时，饲料中维生素、矿物质的缺乏，也会促进本病的发生。这种病的主要传播方式是病鸡从呼吸道排出病毒，通过空气飞沫传播给易感鸡。此外，被病毒污染过的蛋、饲料、饮水等也可以通过消化道传染给健康鸡。康复鸡35天后才对易感鸡没有传染性。本病传播迅速，但无法通过种蛋进行垂直传播。该病可快速传播，只要鸡群出现发病鸡就会快速蔓延至全群。由于该病毒可损伤鸡呼吸道黏膜，因此，往往继发或者并发感染支原体、大肠杆菌等病。该病一年四季都可以发生，尤其是在气候寒冷的季节更容易发生，且任何应激都会诱发该病。

（三）临床症状

本病的潜伏期一般为36小时或更长一些，在本时期鸡群往往没有明显症状，但当潜伏期结束以后，鸡群常常会突然大规模发病，而且由于鸡群感染本病类型不同，免疫力也有差别，发病后的临床症状出现多种情形。根据这些临床症状的不同表现，主要分为呼吸型、肾型、生殖型和腺胃型四种。

1. 呼吸型

病鸡往往缺乏前期临床症状表现，突然发病，并且在极短的时间内出现全群感染的情况。本类型感染对于雏鸡伤害比较大，15日龄以内的雏鸡常常会出现大批死亡。病鸡主要表现为呼吸困难，常常将头仰起，向上努力呼吸。15日龄至4周龄的雏鸡死亡率降低，采食欲望低，精神状态差，羽毛蓬松、杂乱、无光泽，鸡只较为瘦弱，常常聚集于一处互相取暖。病愈后的鸡常常留下明显的后遗症，主要表现为生长速度严重迟缓及丧失产蛋能力。成年蛋鸡产蛋质量严重下降，将蛋打开后可以看到蛋黄蛋清分离，界限清晰，蛋清极为稀薄，与壳膜表面粘连严重。感染鸡病程为7～14天，严重者超过20天。雏鸡病死率高达26%。

2. 肾型

病鸡以腹泻为主要特征，开始发病时，夜晚休息时只有轻微的啰音，不易引起饲养管理人员注意。随着发病天数增加，病鸡临床症状也日渐明显，羽毛蓬松杂乱，咳嗽频繁且夹带明显的啰音，鸡群大量饮水，采食欲望降低，且有鸡群聚集现象。病鸡粪便稀薄，有较多的白色尿酸盐，粪便黏附于病鸡的肛门周边形成糊状，然后病鸡开始出现死亡。部分死亡鸡只鸡爪干瘪，肾脏肿大明显，突出于脊柱表面，耐过鸡个体比正常鸡偏小。

3. 生殖型

这一类型主要感染成年鸡，除了出现较轻的呼吸困难，一般以产蛋率和蛋的品质下降为主要特征。病鸡较健康鸡产蛋明显减少，下降率可达40%以上，且所下蛋中各种异常蛋比例明显升高，常见有钢蛋、砂壳蛋、软壳蛋或不规则形状蛋。还有些感染比较早的鸡出现生殖系统发育障碍，身体发育不受影响却无法产蛋。

4. 腺胃型

这一类型近年来呈较快上升趋势，病鸡发病症状不明显，但采食欲望低，精神较为沉郁，体型瘦小，并最终衰竭而亡，死亡率均呈下降趋势。有些鸡只有时伴有呼吸道临诊症状，表现为咳嗽、啰音等，渐进性消瘦，羽毛松乱，呆立，垂翅，体重减轻，被人们称为"腺胃型鸡传染性支气管炎"。

（四）病理变化

病鸡呼吸道黏膜充血、水肿，并有渗出物，肺出现水肿。产蛋母鸡卵泡充血、出血、变形和破裂。输卵管的长度和重量明显减小，管腔变窄。雏鸡常发生输卵管发育不全，表现为输卵管变短，管腔狭小、闭塞，部分缺损，囊泡化；到性成熟时输卵管的长度和

重量尚不及正常鸡的一半，致使其成熟期不能正常产蛋。侵害肾脏的毒株致病时，肾脏肿大、苍白，输尿管扩张充满白色的尿酸盐结晶；有时在肝、心外膜、腹膜、胸膜等黏膜上也沉积尿酸盐，肠管黏膜呈卡他性炎性变化，全身皮肤和肌肉发绀。腺胃型鸡传染性支气管炎以腺胃严重肿大为特征，眼观如乒乓球样。组织病理学检查呼吸道黏膜上皮细胞显示增生、空泡变性和纤毛脱失，病情严重时黏膜上皮细胞呈不同程度的脱落，黏膜固有层和黏膜下层充血、水肿、轻度出血，并有多量淋巴细胞浸润。肾脏可见肾小管上皮细胞变性、坏死，肾小管扩张，内含尿酸盐结晶，间质水肿，有淋巴细胞、浆细胞、单核细胞和异染性细胞浸润，并见成纤维细胞增生。有时形成由多核巨细胞、巨噬细胞包围的尿酸盐性肉芽肿。

（五）诊断

根据发病的诱因、临床症状和病理解剖变化可以作出初步诊断，但是，近年来病情越来越复杂，并发症和混合感染越来越多，给我们的初步诊断带来很大麻烦，进一步的诊断还需实验室诊断。

（1）病毒分离鉴定。取死亡鸡的肾、肝等进行处理，经过充分细磨后加入生理盐水，其比例为1∶5，并加入适量的链霉素，静置沉淀后置于冰箱中保存，离心后获取上清液。与此同时，在鸡胚上进行病毒培养，将获取到的病毒接种到下批鸡胚上，经过1～2天后，鸡胚发生死亡。通过对死亡鸡胚的分析，可知其绒毛尿囊膜厚度增加，且伴有一定程度的出血情况。

（2）血凝试验。取死亡鸡的病毒毒株，并与胰蛋白酶进行充分混合，将混合物置于37℃的温度条件下孵育，经过1天后将其置于预先设置好的血凝板上进行血凝试验。试验中发现经过胰蛋白酶处理后的鸡胚毒株，会出现凝集现象，而一般的病毒毒株难以与鸡红细胞凝集。

（3）鉴别诊断。鸡传染性支气管炎与鸡传染性喉气管炎有所区别，因此，需要对二者进行有效的鉴别。其中，呼吸道症状严重且存在血液分泌物的为鸡传染性支气管炎；呼吸道症状并不明显且不存在血液分泌物的为鸡传染性喉气管炎。

（六）综合防控

1. 预防

IB属于免疫控制类疾病，但是单纯依靠免疫手段不能很好地控制IB的发生，IB的发生还与生产管理各环节有着密切的联系，因此可将IB定性为免疫类条件控制性疾病。科学有效的防控方案是预防本病最有效的方法，通过高效疫苗免疫，确保鸡群产生均匀有效抗体；控制好鸡舍温度，防止诱因的发生；切断所有传播途径，防止病毒进入。

（1）准确免疫是防控IB的核心，通过合理的疫苗免疫使鸡群产生均匀有效的抗体。确保毒株准确、程序准确、方法准确、时机准确是IB免疫的关键。本病血清型众多，自家灭活苗效果良好，但由于生产条件和鸡场技术水平原因，未被广泛应用。常用的弱毒苗有H_{120}株、H_{52}株。H_{120}株用于雏鸡，对14日龄雏鸡安全有效，免疫3周保护率达90%；H_{52}株毒力较强，不适合14日龄以下雏鸡，对90~120日龄的鸡安全。故目前常用的免疫程序为H_{120}株于5~7日龄初次免疫、H_{52}株于25~30日龄第2次免疫，2~3个月用H_{52}株加强免疫。由于鸡的个体小和集约化饲养等原因，必须做好卫生防疫工作，只有这样才能减少发病率。

（2）强化饲养管理，改善饲养环境，提高鸡只的免疫力。严格规范检疫、隔离防疫措施，做好鸡舍的清洗消毒，不在疫区引进鸡苗，加强雏鸡饲养管理，保持鸡舍空气新鲜，注意通风换气，养殖密度要合理，注意保温，为鸡群补充维生素和矿物质，合理制定免疫程序。

（3）做好生物安全保障。病毒的传播主要是通过纵向、横向传入养殖场。空场管理是切断病原纵向传播的关键，不能做到空场时也必须保证能做到彻底空舍。通过切断5个传播途径即鸡与鸡、

人与鸡、物品与鸡、空气与鸡、动物与鸡，来阻断病原横向传播，为鸡群创造安全环境，保证鸡群健康生产。

2. 治疗

IB目前尚无有效的治疗方法，人们常用中西医结合的对症疗法。由于实际生产中鸡群常并发细菌性疾病，故采用一些抗菌药物有时显得有效。对肾病变型传染性支气管炎的病鸡，有人采用口服补液盐、0.5%碳酸氢钠、维生素C等药物投喂能起到一定的作用。

（1）IB发病时可用龙达三肽，每套可注射1 000羽成禽，2 000羽初禽，一般注射1次即可；饮水每套500羽成禽、1 000羽初禽，集中3～4小时饮完，一般饮水1次即可，病情严重者饮水2天，每天1次，并用抗菌药物防止继发感染，饲养管理用具及鸡舍要进行消毒，病愈鸡不可与易感鸡混群饲养。

（2）喷雾治疗。这是一种采用较多的方法，操作简单，利用鸡呼吸系统复杂的特性可以让药物长时间停留起效，效果较好。喷雾给药前先用高于舍温5℃左右的温水添加少量消毒药进行喷洒，减少空气中微尘和病毒数量，如有蜘蛛网之类的杂物也要一并清除。然后再按药品说明用量3倍左右，同样是用高于舍温5℃左右的温水进行喷雾治疗。切忌舍内喷得过湿，尤其是地面平养模式下垫料过湿易引起球虫病。

七、鸡传染性喉气管炎

鸡传染性喉气管炎（infectious laryngotracheitis，ILT）是由传染性喉气管炎病毒（infectious laryngotracheitis virus，ILTV）引起的鸡的一种急性、高度接触性呼吸道传染病，还可感染孔雀、雉鸡、火鸡和珍珠鸡。其主要临床特征是呼吸困难、咳嗽、伸颈呼吸，咳出含有血液的物质，伴有结膜炎、产蛋减少。主要病变在气管和喉部，该病急性型有黄色干酪样白喉膜形成栓塞，常导致窒息而死，慢性型则有假膜形成。传播途径主要是呼吸道、眼内和消化道。该疾病最早于1925年在美国被报道，随后在澳大利亚、英国和欧洲被报道，兽医最初将这种疾病称为禽白喉。传染性喉气管炎曾给家禽业造成巨大的经济损失，目前在世界上大多数国家如美国、加拿大、中国等都有报道，其仍然是一种重要的疾病。

（一）病原学

ILTV属于疱疹病毒科α疱疹病毒亚科。病毒粒子在电子显微镜下的表现与其他疱疹病毒粒子形态基本相似，是典型的疱疹病毒粒子，由二十面体衣壳内的DNA核组成，衣壳周围包裹着一层皮层和外包膜糖蛋白。ILTV只有一个血清型，病毒株之间差异不显著，该病毒呈现高度宿主特异性，只能在鸡胚及其细胞培养物内良好增殖。

不同的ILTV毒株对温度敏感性差别很大，在呼吸道分泌物和鸡的尸体中，病毒在13～23℃、10～90天仍保持感染性，在4℃的培养基中病毒的存活时间可以长达几个月，在55℃条件下加热15分钟后感染性丧失。ILTV常用消毒剂有3%甲酚、5%苯酚或1%氢氧化钠溶液，在1分钟内很容易杀灭病毒。

（二）流行病学

ILTV的主要宿主是鸡，任何年龄的鸡都能够感染，其中易感性最高的是成年鸡，在孔雀、雉鸡、火鸡和珍珠鸡中也可感染，其他禽类不易感。病毒通常存在于病鸡的气管和上呼吸道分泌液中，主要传染源是病鸡、康复后的带毒鸡和无症状的带毒鸡。约2%康复鸡可带毒，并不断向外界排毒，排毒时间可长达2年，易感鸡与接种活苗的鸡长时间接触也可感染本病。急性发病期阶段，鸡的肝、脾、肛门可检出病毒。

ILTV的传播途径是由咳出的带有病毒的飞沫、血液和黏液通过呼吸道传播，也可经眼传染和通过病鸡污染的饮水、饲料进行消化道传播，还可经由污染病毒的用具、动物以及人进行机械传播。

　　诱发因素通常有鸡舍拥挤闷热、潮湿、通风不良、卫生条件差、鸡群饲养管理不当、维生素A摄取不足、感染寄生虫，以及接种疫苗不当等。该病全年任何季节都能够发生，尤其是在秋冬和早春气候寒冷及气候多变季节更易发生，病鸡往往突然发病，快速传播，病程持续时间较长，通常为10～15天，有时可达到20天以上，鸡群中只要出现发病，80%～100%的易感鸡都会患病，但病死率相对较低，为10%～20%。如果并发感染支原体病、大肠杆菌病，病死率可达60%。

（三）临床特征

　　ILT的潜伏期为6～14天，潜伏期的长短与病毒株的毒力有关，一般分为最急性型、急性型和慢性型。还可根据临床表现分为喉气管炎型和结膜型。以喉气管炎型和结膜型区分时，喉气管炎型的主要临床表现为呼吸困难、咳嗽带血、血痰、喉头出血，结膜型的主要临床表现为眼结膜红肿、发炎，以及流泪、眼部有脓性分泌物、蛋鸡产蛋下降。

1. 最急性型

　　最急性型的ILT是突然发生迅速传播，高发病率，死亡率为50%～60%或以上，伴有咳血和血染黏液的突发性疾病。受感染的禽类变得嗜睡，经常表现为中度到重度结膜炎，眼睑肿胀，流泪增多，身体状况良好的则可能会在出现任何临床症状之前死亡。临床表现为呼吸困难，头颈延长呼气，痉挛性咳嗽咳出混杂血液的黏液，通常由于无法咳出气管内渗出物而出现堵塞，最终窒息死亡。而咳出的血凝块还可以在鸡笼、饲料草皮、鸡舍的墙壁和地板上发现，受感染禽鸟通常会在3天内死亡。

2. 急性型

　　特征性的呼吸困难通常在急性型ILT中出现，但其发病不像最急性型那般突然或严重，疾病进展较慢，发病率高达100%，致死率较低，为10%～30%，病情持续15天。黏液性气管炎常见，出血性气管炎少见，症状较最急性期延长，表现为打喷嚏、咳嗽，咳血并不常见，还可能表现出结膜炎，内眼角经常伴有泡沫渗出物，特别是在暴发的最初阶段。感染后体温升高，由于气管阻塞，凝血和渗出物会导致长时间的喘气和半张口呼吸，可以听到尖叫和潮湿的啰音，鸡群的产蛋水平不同，有些鸡群可能会完全停止产蛋，在适当的时间内恢复到正常水平。

3. 慢性型

慢性或轻度型包括前一种类型残留下来的幸存者，发病率低，为2%～5%，主要症状为体重不增加、生长发育不良、咳嗽和呼吸困难、鼻涕有异味。轻度或慢性型的病鸡表现为产蛋量下降、采食量减少、体重减轻、眼睛湿滑、结膜发炎、眶下窦肿胀、持续性鼻漏和出血性结膜炎，病程长短不一，多数在10～14天内恢复。此外，还有摇头、眯眼、眶下鼻窦肿胀（呈杏仁状眼睛）、产蛋量下降高达10%和体重减轻的症状，死亡率通常在2%以下。

（四）病理变化

剖检见病死鸡的主要病变在气管和喉部，并随着疾病的严重程度出现不同程度的病变。出血性气管炎是最急性型的主要病变，而黏液渗出和白喉炎症是急性型和慢性型最常发生的病变。

最急性型的主要病变包括黏液性鼻炎和出血性气管炎并伴有血凝块，当病变向深部扩展时，原发性支气管也出现黄色干酪样渗出物；在急性型中，喉部和气管上部黏膜附着有黄色干酪样白喉膜，伴有或不伴有出血，该膜还在喉和鼻腔区域形成阻塞性栓塞，导致窒息和死亡；慢性或轻度型可在气管腔内观察到伴有或不伴有白喉渗出物的过量黏液，可注意到附着在上呼吸道的伴有纤维蛋白坏死渗出物的假膜形成。结膜炎的特征是水肿和充血，伴有眼部分泌物增加，鼻腔的炎症反应以特异性渗出物为特征，累及肺部和肺泡比较罕见，但偶尔也会看到肺充血和腔内的肺泡增厚并伴有干酪样渗出物。

组织学病理变化中ILTV造成的特征性病变为受感染上皮细胞融合，形成大型的合胞体细胞（多核细胞），并且许多合胞体细胞含有核内包涵体。气管、支气管、肺、鼻腔和眼睑感染早期，表面上皮略有增厚、细胞增大、数量增加、水肿，12小时后，在成群的上皮细胞中看到核内包涵体，24～72小时后水肿明显，黏膜及黏膜下层浸润小淋巴细胞、组织细胞和少量浆细胞，随着病情发展，细胞浸润变得越来越密集，最终破坏上皮和黏液腺的结构，5天左右发生退行性变化，在黏膜下层可见实际的坏死灶。

感染早期，结膜上皮细胞充血红肿、变形，被严重感染时，结膜上皮细胞脱落，脱落部位表面出现纤维细胞性渗出；若有肺部病变，通常表现为多病灶或局部泛在的特征，而非弥散性病变，随着病程的发展，黏膜上皮的正常结构变得杂乱无章，可见多个带有核内包涵体的合胞体细胞出现于黏膜中，或脱落于管腔内。

（五）诊断

根据对本病的流行特点、临床症状及病理变化可以作出初步诊断，确诊需进行实验室检查。

实验室诊断步骤通常是对活体或尸体进行采样，采集病鸡的喉头和气管这部分的分泌物或组织，处理制成悬浮液后进行9～12日龄的鸡胚绒毛尿囊膜内接种，培养后取出出现痘斑的鸡胚，然后取尿囊液和绒毛尿囊膜，再次处理后进行血清学实验。血清学实验分为病毒中和试验、荧光抗体技术、琼脂扩散试验和酶联免疫吸附试验，其中荧光抗体技术只能检出病毒分离阳性病例的60%。

上述方法费时、敏感性差，不能检测亚临床感染，不适合ILTV的快速检测，而更为快速、特异、敏感的实时荧光PCR检测方法，适用于临床ILTV检测和早期诊断。如今越来越多的技术被更新，对ILTV的诊断越来越快速准确，针对资源有限的地区可研究利用单克隆抗体（mAbs）的膜层析技术，建立一种快速、简便的检测ILTV的免疫胶体金试纸，胶体金检测条带对ILTV的检测具有较高的特异性，无与其他禽类病原体交叉反应，灵敏度高于常规PCR。

（六）鉴别诊断

因ILT临床诊断中与鸡传染性支气管炎、传染性鼻炎、新城疫等常见禽呼吸道疾病症状较相似，还应做必要的鉴别诊断。

传染性鼻炎：二者相似之处是都具有传染性，且病鸡发生结膜炎、流鼻液。区别是传染性鼻炎主要危害4周龄以上的雏鸡，发病迅速，主要表现为鼻腔、眶下窦发炎，流出清澈鼻液，患病鸡不断甩鼻、打喷嚏，脸部和肉髯水肿，眼结膜发炎，眼睑肿胀，严重的会导致失明。

鸡传染性支气管炎：二者相似之处是都具有传染性，且病鸡流泪、流鼻液，咳嗽增多，往往张口呼吸。区别是雏鸡感染鸡传染性支气管炎后容易死亡，病鸡突然出现呼吸困难、伸颈甩头、鼻窦肿胀、打喷嚏、呼吸伴有咕噜声；剖检发现气管内存在干酪样黏稠液，支气管发生水肿，有炎症灶，肝脏呈土黄色，轻度肿大，肾脏苍白、肿大，外观如同油灰样，有大量的尿酸盐沉积。

新城疫：二者相似之处是都具有传染性，且病鸡鸡冠、肉髯发紫，流鼻液，排出稀粪。区别是感染新城疫的病鸡表现为头颈下垂，嗉囊膨胀有酸臭液体在倒提时流出，排出黄白色或者黄绿稀粪，有时其中混杂血液，并散发恶臭气味，两肢出现麻痹，运动障碍，发生瘫痪，颈部弯曲；剖检发现脾脏、胃部都发生水肿，乳头、乳头间及肌胃角质膜下发生出血或者出现溃疡以及坏死。

八、鸡传染性贫血

鸡传染性贫血（chicken infectious anemia，CIA）是由鸡传染性贫血病毒（chicken infectious anemia virus，CIAV）引起的以雏鸡再生性障碍贫血、全身淋巴细胞萎缩、皮下肌肉出血等为特征

的一种免疫抑制性疾病。本病曾称为出血性综合征、贫血性皮炎综合征或蓝翅病，目前已正式命名为CIA。CIA自1979年Yuasa等在日本首次报道以来，相继在德国、瑞典、英国等分离到CIAV。我国于1992年首次分离到CIAV，从而确证了该病在我国的存在。近年来，在某些地区本病的发生有增加的趋势，一些鸡场的阳性率高达40%～70%。

目前，国内外的病原分离和血清学调查结果已表明，CIA在世界各主要养禽国家广泛存在。鸡群感染后可引起免疫机能障碍，造成免疫抑制，使鸡群对其他病原的易感性增高和对某些疫苗的免疫应答能力下降，从而发生继发感染和疫苗免疫失败，造成重大经济损失。

（一）病原学

CIAV又称贫血因子，是一种近似细小病毒的环状单股DNA病毒。CIAV耐热、耐酸，对乙醚和氯仿稳定。目前，CIAV分离株在抗原性上没有差异，均属同一血清型，但其致病性不尽相同。CIAV可在鸡胚及成淋巴样细胞系中增殖，卵黄囊接种时有些毒株可在16～20日龄时引起鸡胚死亡，病毒没有凝集禽类和哺乳动物红细胞能力。

（二）流行病学

已知鸡是CIAV的唯一宿主，所有年龄的鸡都能感染，但不同年龄抵抗力明显不同。CIA主要发生于2～3周龄内的雏鸡，1～7日龄最为易感，其中肉鸡尤其是公鸡更易感。随日龄的增加，易感性、发病率及死亡率逐渐降低。人工接种1日龄雏鸡最易感，1周龄雏鸡可感染发病但不死亡，2周龄后雏鸡接种不发病，但可分离到病毒。也有12月龄的产蛋鸡暴发CIA的报道，公鸡、母鸡均发病，发病率为20%～60%，病死率一般为5%～10%，有时高达60%。其他禽类对CIAV不易感，火鸡和鸭有先天的抵抗力，人工接种后血清中也未检出抗体。

　　该病的主要传染源是病鸡和带毒鸡，自然感染病毒的鸡群可持续3～9周排毒。鸡在开产前3～9周内感染病毒，开产后就会产出污染病毒的种蛋，其孵化出的雏鸡则可能携带病毒，会表现出临床型或者亚临床型症状，并作为水平传播的传染源。如果鸡群在开产后某一阶段才感染病毒，可持续3～9周导致产出的种蛋都可能携带病毒。在此期间，种鸡群和子代鸡群都是该病的传染源，且子代鸡群常会表现出典型发病症状和病变，并会引起免疫抑制。CIAV既可水平传播，又能经卵垂直传播，主要传播方式为垂直传播。母鸡人工感染8～14天后，即可经蛋传播。雏鸡易发生水平传播，在感染传染性法氏囊病病毒后，不仅对CIAV易感性升高，而且年龄抵抗力消失。

（三）临床症状

　　CIAV感染后的症状表现及病程与鸡只日龄、毒株毒力和并发感染情况有关。CIAV感染后主要临床症状是贫血。一般在感染14～16天后发病，病鸡表现：沉郁、消瘦，鸡冠、肉髯即可视黏膜苍白，体重下降，皮肤和肌肉广泛出血，全身点状出血明显，血液稀薄如水，血凝时间延长，双翅出血典型，因继发感染呈现"蓝翅"。

　　如果病鸡伴发严重的继发感染，会导致病死率明显升高。当继发感染大肠杆菌时，主要是发生大肠杆菌性眼炎、腹泻、腹膜炎以及心包炎。当出现呼吸道继发感染，主要为传染性鼻炎和支原体病，会表现出呼吸困难，咳嗽增多，伴发鼻窦炎，排出黄白色或者黄绿色的稀便。如果口角皮肤感染坏疽并形成结痂，则可能被怀疑发生黏膜性鸡痘。

（四）病理变化

剖检变化主要为贫血，肌肉、内脏及全身苍白，血液稀薄如水，肝脏、脾脏、肾脏肿大、褪色，有时肝表面有坏死灶，骨骼肌和腺胃黏膜出血严重，有时可见到肌胃黏膜糜烂；胸腺萎缩明显，法氏囊也可见到萎缩；骨髓病变较典型，呈淡黄色，骨髓色泽变化与造血功能紊乱程度及血细胞压积值下降一致。血细胞压积可降至20%以下，红细胞数可减少至100万个/毫米^3，白细胞降到500个/毫米^{3}以下。

在鸡的周身皮下会有出血和水肿情况，尤其是在头颈部的皮下表现明显。在胸肌和腿肌等部位也会出现出血点。病鸡还会表现出全身淋巴组织的萎缩，出现再生障碍性贫血。骨髓发生萎缩，体内的血细胞数量明显减少。法氏囊、胸腺、脾脏、盲肠和扁桃体等组织内的淋巴细胞出现坏死并数量减少和消失，被纤维细胞和网状细胞所取代。肝脏细胞有肿大和变性，且在间质内出现水肿。

（五）诊断

根据感染鸡的临床症状和病理变化可作初步诊断。但在临床诊断时需要和其他一些疾病加以区别，主要易混淆的疾病，如鸡球虫病、住白细胞原虫病及磺胺类药物中毒等。确诊需要通过实验室技术，实验室检查可进行病毒分离鉴定和血清学试验。

1. 病毒分离鉴定

（1）鸡胚接种。CIAV可在5～10日龄鸡胚中增殖，可用鸡胚绒毛尿囊膜（CAM）、卵黄囊或尿囊腔途径接种。10～14天后毒价最高，但鸡胚仍可正常发育，至孵出后14～15日龄时发生贫血及死亡。

（2）细胞培养。常选用T细胞成淋巴样细胞系及B细胞成淋巴样细胞系，以RPMI-1640培养，37℃、5%二氧化碳条件下，出现细胞病变如变圆、溶解，感染的细胞不能继续增殖，培养液保持红色，即碱性环境。

（3）雏鸡接种。1日龄无母源抗体易感雏鸡肌内注射0.1毫升病料，14～16天后采血，测定红细胞压积，低于25%则为贫血及CIAV感染，剖检有CIAV感染的典型病变。

2. 血清学检查

已建立的检测CIAV及其抗体的方法有：病毒中和实验（VN）、间接免疫荧光（IFA）、免疫过氧化物酶实验和ELISA等。

3. 鉴别诊断

应注意MDV和IBDV引起的淋巴组织萎缩与CIAV感染的区别，前两者有显著病变，但自然发病不引起贫血。

（六）综合防控

CIAV已有弱毒冻干疫苗使用，可饮水免疫且不产生免疫抑制。种鸡免疫应在12～16周龄时进行，避免产蛋前4周接种，以免造成垂直传播。免疫后6周可产生坚实免疫力，其免疫力能维持到60～65周龄。对雏鸡进行免疫接种，增强鸡的抵抗能力，保证鸡的安全。还要及时接种其他疫病疫苗，有效降低感染CIA的可能。CIA目前没有高效的治疗方法，可以在饲料中添加维生素、微量元素等减缓病情，提高存活率。由于该病常与MDV、IBDV及网状内皮组织增生病病毒混合感染，且彼此之间又相互影响。因此，做好这3种疫病的预防可降低鸡只对本病的易感性。

防止鸡发生传染性贫血的重要措施是进行日常检疫。养鸡户要定期对各个成长期的鸡群进行检查，加强日常饲养管理，尽量从根源上避免发病。如果有鸡已经出现发病症状，要立即采取隔离治疗，避免造成大范围感染。

九、禽呼肠孤病毒感染

禽源呼肠孤病毒均属呼肠孤病毒科，正呼肠孤病毒属成员，其临床表现因毒株和感染宿主的不同而不同。以S1133株为代表的鸡源禽呼肠孤病毒（avian reovirus，ARV）感染能引起鸡病毒性关节炎，是鸡的一种常见传染性疾病，可引起鸡的多种疾病，包括病毒性关节炎、矮小综合征、呼吸道疾病、肠道疾病和所谓吸收不良综合征等，其病毒主要存在鸡体内的多种组织。经典型番鸭呼肠孤病毒（muscovy duck reovirus，MDRV）致病的发病率和死亡率也极高。鸭感染MDRV后，表现为软脚、肝脾表面有大量小白点、肾肿大出血等病理变化，耐过后成为僵鸭。尤其是新发现的新型鸭呼肠孤病毒（novel duck reovirus，NDRV）不仅感染的宿主范围更广，而且毒性更强。NDRV可以感染北京鸭、番鸭、樱桃谷鸭和驯化野鸭等各种品种的鸭，病鸭主要的病理变化为肝出血坏死、脾肿大坏死。另外，疾病的表现很大程度上还取决于鸡的年龄、病毒的致病型和感染途径。ARV感染的情况世界各地均有发生，我国自20世纪80年代中期已有本病发生，并从有些病例分离鉴定出呼肠孤病毒。本病严重制约着我国家禽和水禽产业的健康发展。

（一）病原学

ARV是无囊膜，呈球形，双层衣壳和二十面对称的dsRNA病毒，有耐热、对环境抵抗力强、生存力强等特点，能够在自然环境下长时间存活。病毒可被0.5%有机碘和70%乙醇灭活，但2%来苏尔、3%福尔马林、氯仿和过氧化氢对其灭活效果不好。病毒在60℃条件下能够存活10小时。该病毒一共有11种血清型，且不同的血清型之间有一定的交叉保护力。

（二）流行病学

ARV可感染多个品种的家禽，本病可以垂直传播，也可以水平传播，通过蛋的传播率低，约1.7%。鸡和火鸡是呼肠孤病毒引起的关节炎-腱鞘炎的自然宿主。没有母源抗体的1日龄鸡很容易复制本病，如感染年龄较大的鸡，则一般症状较轻且潜伏期较长。

（三）临床症状

由ARV引起的吸收不良综合征，以生长参差不齐、色素沉着差、羽毛发育不正常、骨骼变形和死亡率增加为特征，主要侵害1～3周龄肉用型鸡。

（四）病理变化

剖检主要病变为肝脏、脾脏肿大，有针尖到米粒大小散在的灰白色坏死灶；肺脏出血；肾脏苍白，有出血点和坏死点；有时胰脏水肿，有白色坏死点。

病毒性关节炎和腱鞘炎的自然感染鸡可见到：趾屈肌腱和跖伸肌腱肿胀；踝关节常含有枯草色或带血色的渗出液，有些病例有多量脓性渗出物；踝上滑膜常有出血点；腱区炎症发展为慢性时，腱鞘硬化并融合在一起；胫跗远端的关节软骨出现小的凹陷溃疡，溃疡增大后融合在一起并侵害到下面的骨组织。吸收不良综合征的主要病变是腺胃增大，并可能有出血或坏死，卡他性肠炎，此外还可能有关节炎和骨质疏松。

（五）诊断

根据临床症状和病理变化可作出病毒性关节炎的初步诊断。主要受害部位是跖伸肌腱和趾屈肌腱，心肌纤维之间有异嗜细胞浸润。ARV引起的吸收不良综合征比较难诊断，因为其病变和症状也可由其他致病因子引起，确诊往往需进行病毒分离和鉴定。

（六）综合防控

ARV有对环境的抵抗力强和既可垂直传播又可水平传播的特点，使得消除鸡群的感染十分困难，在生产中可通过以下方法进行综合防控：

1. 加强饲养管理

粪便污染是接触感染的主要来源，一年四季均可发病，潮湿更容易诱发该病。所以，应当加强日常鸡舍卫生及消毒工作，保持场地干爽，及时补充维生素和盐，能有效预防该病；暴发本病时，对发病鸡进行隔离饲养，严防发病鸡群与未发病鸡群接触；生产上实行全进全出，空舍期对鸡舍进行彻底的清扫消毒，可有效预防下批鸡群的感染。

2. 加强人员管理

加强鸡场管理，主要是对人员的管理，本病流行的地区禁止外来人员随意进入生产区，所有人员和车辆进入鸡场前必须全方位消毒。禁止本场员工出去拜访发生过本病的鸡场，尤其是饲养员、兽医、配料员等一线工作人员。病死鸡及剖检后的尸体进行焚烧或深埋处理，禁止流通进入市场。

3. 免疫接种

用活疫苗或灭活疫苗免疫家禽是防治本病的有效方法，不仅可以通过母源抗体保护幼禽，而且对垂直传播有限制作用。灭活疫苗免疫后主要产生体液免疫，不产生细胞免疫，且使用安全，不会返毒，适合幼龄家禽的免疫。灭活疫苗免疫后一般1周内抗体水平会上升到有效滴度，且能维持数月，对于出栏周期短的商品肉鸡无需进行第2次免疫。弱毒疫苗为致弱减毒的活疫苗，免疫后不但能产生体液免疫，还能产生细胞免疫，免疫后1周抗体滴度基本能达到有效含量，适合饲养周期较长的商品蛋鸡及种鸡群，建议免疫半年后再重复一次，防止抗体含量下降。弱毒疫苗虽然做了减毒处理，但仍是活疫苗，有返毒风险，建议临床选用时先以少部分家禽免疫进行试验，确定无安全性问题后再进行全群普免。

对本病高发区的家禽，可在1～7日龄接种弱毒疫苗，保护率可达90%以上，但因与马立克氏病毒疫苗有免疫干扰，应注意与马立克氏病毒疫苗免疫期进行间隔；种禽接种灭活疫苗，可防止由ARV导致的产蛋下降，还可通过母源抗体保护1日龄雏禽，对垂直传播也有较好的限制作用；各种基因工程疫苗如亚单位疫苗、核酸疫苗和活载体疫苗还处于研发试验阶段，拥有一定优势，但也存在缺陷和不足；在易感日龄段使用高免卵黄进行预防，也能有效控制本病的流行。

4. 治疗

当病禽关节、腱鞘等部位出现肿大，表明局部组织已经发生不可逆转的病变，后期很难恢复，因此，本病必须以预防为主，如果不慎家禽中发生感染，在第一时间隔离的同时可使用抗病毒的中药或生化制品进行治疗，治疗越早疗效越好。后期关节和腱鞘严重病变时则基本无治愈的可能。抗病毒中药以黄芪多糖、清瘟败毒类的口服液为主，生化制品类以胸腺素、白细胞介素、干扰素、转移因子类为主，有条件的可注射免疫血清或单克隆抗体进行治疗，抗体注射后可很快将体内的病毒中和，形成免疫复合物，之后再被细胞吞噬处理，能起到高效抗病毒作用。发病禽群应及早使用高免卵黄进行治疗，同时配合使用抗菌药物和黄芪多糖控制继发感染；抗病毒药和清热解毒类中草药可以减少病禽的死亡率。

十、禽腺病毒感染

禽腺病毒（fowl adenovirus，FAdV）属于腺病毒科禽腺病毒属，是鸡、鸭、鹅等禽类体内常见的传染性病毒。该病毒多数在禽体内存在却不致病，但是当有免疫抑制性疾病或是发生混合感染时，会对家禽健康造成较大的影响。

（一）病原学

FAdV为双股DNA病毒，病毒粒子没有囊膜结构，病毒颗粒直径70～90纳米，呈二十面体对称结构。根据群特异性抗原的不同，FAdV可分为三个群：I群FAdV具有共同的群抗原，基于交叉中和试验的测定分为5个类型（FAVA～FAVE），包含12个血清型（FAV1～FAV12）；Ⅱ群FAdV包括火鸡出血性肠炎病毒、雉鸡大理石脾病毒和禽类脾肿大病毒；Ⅲ群FAdV仅包含减蛋综合征病毒（EDSV-76）。

由于没有囊膜，所以FAdV对外界环境抵抗力比较强，对乙醚、氯仿、胰蛋白酶、酚和乙酸均有抵抗力，可耐受pH3～9，在1∶1 000浓度甲醛中可被灭活，本病毒对碘制剂、次氯酸钠和戊二醛敏感。

种鸡群感染病毒，产蛋量下降明显。在此期间，FAdV传播途径可通过种蛋垂直传播，孵出的小鸡早期死亡率较高。

（二）流行病学

该病毒流行范围广，传染性强。一般病鸡的鼻、气管黏液，以及尿液、粪便携带病毒传染源，造成同一种鸡群内部或者不同种鸡群之间相互感染，感染后变成病毒携带者，形成一种具有潜在致病性的常在性病原体。本病毒可通过垂直传播和水平传播两种方式在鸡群进行传播。

（1）垂直传播。该传播方式通过鸡胚传播，是最主要的传播方式。FAdV感染的鸡常在产蛋高峰前后出现第2次排毒高峰，这可能是产蛋应激或高水平性激素的存在而使FAdV激活，这样可使病毒通过蛋传至下一代。种鸡的强制换羽，导致FAdV的易感性增强。

（2）水平传播。该传播方式也是本病传播的主要方式。病毒可存在于粪便、气管和鼻腔黏膜及肾脏中，也可经过被污染的空气、养殖场之间被污染的工具、人员等传播，该病毒在粪便中的滴度最高，是最重要的传染源。另外，该病毒也存在于精液中，表明人工授精也具有潜在的危险。

（三）临床症状

目前Ⅰ群FAdV作为原发病原的作用尚未搞清楚，不同的血清型，甚至相同血清型的不同毒株，在造成发病或者引发呼吸道疾病的能力方面也有所不同。与传染性法氏囊病共同感染可增强FAdV的致病性，共同感染鸡传染性贫血病毒时可大大增强FAdV引起肝炎和致死的能力。FAdV能在健康禽体内复制，但不产生明显的临床症状。当因混合感染或其他因素造成鸡群抵抗力下降时，FAdV可成为机会致病菌造成鸡群发病死亡及疫病传播。

（四）综合防控

（1）加强饲养管理，保证养殖环境的安静舒适，尽可能减少环境中的应激因素，在保证温度的同时合理通风，提供充足的营养，保证饮水和饲料的干净。加强营养的供应，科学地补充微量元素、维生素B族、维生素C、维生素K及鱼肝油等，以增强鸡群抗病能力。

（2）谨慎引种，防止通过引种引进病鸡或带毒鸡，鉴于Ⅰ群FAdV具有垂直传播的特性，须坚持预防为主的原则，禁止从疫区、病史场引种及购进商品雏禽。必须对外引种及购进商品雏禽时务必要抓好检疫检验、早期阳性个体淘汰及入场前隔离观察等防范措施，严防外来病原体入侵。

（3）注重生物安全，养殖场做好生物安全防控措施。禁止场外无关人员及车辆、用具等未经消毒随意进入禽场（舍、栏），必须进入时严格执行全身衣物及足底消毒处理，禁止使用未经消毒的用具或将用具串场（舍/栏）使用。发生疫情时，对病死鸡及污染物全部进行焚烧、深埋等无害化处理，对发病鸡全部隔离饲养。采

用高敏消毒剂对环境中存在的病原体进行消毒灭源，将禽舍小环境中的病原体含量降至安全值范围内。对养殖场及周边环境利用生石灰或3%氢氧化钠进行全面、彻底的消毒，对鸡群利用0.3%过氧乙酸溶液等消毒药喷雾消毒，每天2次，连续消毒1周。

（4）免疫接种，疫苗免疫是预防该病毒有效的措施之一。目前我国已有多家企业正在申报FAdV-4灭活疫苗临床试验，主要为单苗和新城疫+H9N2亚型禽流感+FAdV-4三联灭活疫苗。

（5）重视免疫抑制性疾病及其他疫病的免疫防控，鸡场要避免传染性法氏囊病、鸡传染性贫血等免疫抑制性疾病的发生，因为这些疾病能造成机体免疫抑制，增加发生该病毒的可能性。如果混合感染也可增强该病毒的致病性，造成较大损失。

十一、禽脑脊髓炎

禽脑脊髓炎（avian encephalomyelitis，AE）是由禽脑脊髓炎病毒（avian encephalomyelitis virus，AEV）引起的一种急性、高度接触性传染病。AEV除危害鸡外，还会危害其他禽类，如野鸡、鹌鹑、火鸡等。本病一年四季均可发生，其中秋冬寒冷季节多发。各种日龄的鸡都可感染，3周龄以内雏鸡多发，且有明显的神经症状。对雏鸡危害严重，主要引起雏鸡非化脓性脑炎，临床表现症状为腿部瘫痪、头颈快速震颤、共济失调，感染病毒后可能会表现出典型的神经症状。产蛋鸡则表现为产蛋下降、产带毒种蛋等。该病最早于1930年在美国的商品鸡群中暴发，随后迅速蔓延开来，加拿大、澳大利亚、法国、瑞典、罗马尼亚等国家均有相关的报道。我国于1980年首次报道此病。

（一）病原学

AEV属小RNA病毒科肝病毒属。该病毒只有一个血清型，无血凝性。可用鸡胚分离培养AEV，卵黄囊、羊膜或尿囊腔等接种途径均可。最常用的还是5～7日龄胚卵黄囊途径接种，野生毒株一般鸡胚初次分离时，对其不具备致死性，12天后收胚，盲传数代后才能导致鸡胚死亡。也可从鸡胚成纤维细胞和鸡胚胰细胞中增殖分离该病毒，但一般不产生细胞病变。AEV对外界环境抵抗力强，对氯仿、酸、乙醚、胃蛋白酶、胰酶等均具有一定的抵抗力，能耐受中低强度的紫外线照射，室温条件下粪便中病毒能长期存活。在pH2.8条件下3小时病毒粒子仍然具备感染性。不同毒株致病性不同，根据AEV的组织嗜性不同可分为两类：一类是嗜肠道型，大多数野毒均为此类型，病鸡粪便中含大量病毒；另一类是嗜神经型，口服一般不感染，经细胞培养的弱毒一般为嗜神经型。

（二）流行病学

AE是主要侵害20日龄以下雏鸡的一种病毒病，以运动失调和头颈部震颤为特征，各种日龄的鸡、火鸡、野鸡、鹌鹑、鸽子等禽类都可自然感染，但是只有在20日龄以下的雏禽才有明显的临床症状和死亡。该病毒一年四季均可以发病，无明显的季节性。AEV可通过消化道水平传播也可以通过种蛋垂直传播，一般认为AEV在自然界中依靠其能在外界环境存活较长时间的特点，通过病禽粪便、被污染的饲料、饮用水和养殖器具进行水平传播。易感母鸡感染AEV后，AEV通过患病母鸡产出带毒种蛋，经孵化后又将产生新的患病雏鸡且100%患病，进一步提高了感染率。自然条件下，未患病雏鸡在有疫病的养殖区中发病率为40%～60%，死亡率为40%～60%。雏鸡发病率的高低取决于其是来自自然感染或非自然感染的种鸡。AE阳性的种鸡群，其雏鸡的发病率低或不发病，来自阴性种鸡群的雏鸡发病率则高。AE呈世界性分布，几乎所有商业化养禽地区都有此病的相关报道，我国大部分鸡群都会感染此病。

（三）临床症状

经卵垂直传播AEV的雏鸡潜伏期一般为1～7天，经水平传播的雏鸡的潜伏期一般为10～30天。不同日龄鸡发病后临床表现不同，20日龄以下的雏鸡发病时，初期无明显临床症状，采食量、精神状态基本正常，中期开始表现出眼观症状，病鸡头颈部频繁且快速震颤、共济失调、行走摇晃、无法正常站立或奔跑、常蹲坐于跗关节上或倒卧于一侧，部分鸡脚趾弯曲，无法伸直，以致采食和饮水困难。后期病鸡精神沉郁，受惊吓等应激时症状更明显，易被其他鸡只践踏和啄咬，或继发其他疾病而死亡。耐过鸡虹膜颜色变浅，晶状体混浊或灰白色而导致双眼失明。产蛋鸡发病多在产蛋高峰前后，采食、饮水、死淘率等与正常鸡群无明显差异，只表现为产蛋率下降，产蛋下降7～10天，可从95%下降到60%左右，蛋重量变小，产蛋曲线呈"V"形。发病期蛋壳颜色、硬度、厚度等均无异常。此后开始回升，一般再经7天，产蛋率恢复到原来水平甚至更高。种鸡在产蛋期感染本病，用此期间的种蛋进行孵化，孵化率降低，出壳雏鸡出现瘫痪和脑炎等症状。

（四）病理变化

1. 剖检变化

剖开病鸡脑壳，可见脑脊髓液增多，大脑后缘变软、透明，呈脑水肿现象，大部分软脑膜血管扩张呈树枝状充血、淤血，个别有少量针尖状出血点。有时还可见到病鸡的肠道充血。少数病鸡的肌胃肌层出现散在灰白区，严重病死雏鸡常见肝脏脂肪变性，呈黄色，脾脏肿大。

2. 组织学变化

（1）中枢神经组织学变化。表现为非化脓性脑脊髓炎和背根神经节炎病变，可见脑脊髓病变部血管明显扩张，血管内皮细胞肿胀，血管周围炎性细胞浸润。浸润的炎性细胞以小淋巴细胞为主，并混有浆细胞、单核细胞及小胶质细胞。这些炎性细胞沿着血管周围呈环绕排列，形成"袖套"现象。病毒在神经细胞内生长繁殖，侵害和破坏神经细胞的结构和功能，会导致神经细胞变性。

（2）内脏器官的组织学变化。主要表现为淋巴细胞增生，病鸡全身组织都可见到淋巴细胞增生现象，但以腺胃黏膜及肌层、肌胃肌层内淋巴细胞的增生最为明显。正常情况下，腺胃和肌胃肌层中仅有少数几个淋巴细胞呈散在性分布，而在本病过程中，则可见到大量的淋巴细胞增生和聚集。此外，在胰脏、心肌也可见淋巴细胞增生和聚集。

（五）综合防控

对AE目前还没有有效的治疗办法，只能采取预防为主的综合性防控措施。

1. 免疫预防

加强鸡群的预防工作，进行疫苗的预防接种，尤其是对种鸡场，能产生坚强的保护力，一般免疫效果确切的鸡场传给子代所产生的抗体可以在6个月内具有保护能力，目前用于预防此病的疫苗有活疫苗和灭活苗两种，可以选用一种，也可两种混合使用。

（1）活疫苗。具有高免疫性和低神经毒力的活疫苗由Calnek等用温和的野毒1 143株研制而成，用于10～18周龄的种母鸡，接种后1周即可产生抗体，3周后可达较高水平，免疫期为1年。活疫苗的免疫方法有两种，即饮水免疫和翼膜刺种，都能诱导出有效的免疫反应，可防止病毒经鸡胚传给后代。使用时应注意禽群的日龄，以免引起不良反应或免疫失败，应以10～18周龄为宜。8周龄以内的鸡还含有母源抗体，能中和干扰活疫苗的作用，并可能使雏鸡出现轻微的临床症状。种鸡开产前4周内免疫活疫苗会造成母鸡开产的延迟，而且已产蛋的鸡免疫，疫苗病毒可经鸡胚传给下一代造成此病的暴发。所有的种母鸡都应免疫接种，使传递给子代的母源抗体能保护雏鸡至少4～6周。免疫时，笼养鸡必须全部接种，平

养鸡可接种10%～20%，其余的鸡可经同居感染，肉鸡和种公鸡无需免疫。

（2）灭活苗。灭活苗适用于18～20周龄的产蛋鸡，免疫期为9个月以上，可保护子代6～10周不发病。可在开产期前20天，经皮下或肌内注射免疫，15～20天即可产生免疫力。使用灭活苗必须全部接种，每只鸡都得注射免疫。

2. 其他综合防控措施

（1）加强引种管理。不要从有疫情的鸡场引进种鸡和雏鸡，因为AEV对环境的抵抗力很强，病鸡经粪便排毒可达数天之久，病毒还可污染孵化器，在孵化期间就危害胚体。

（2）定期防疫和严格的消毒制度。AE以水平传播为主，在成鸡中呈隐性感染，因此要加强鸡舍环境卫生管理，按照鸡群卫生防疫要求，制定严格的消毒和卫生防疫制度，还应加强对鸡群免疫状态的监测，如检查青年种母鸡群及其子代的AE抗体水平或鸡胚对标准胚适应株的易感性。

十二、禽 痘

禽痘是由禽痘病毒（fowlpox virus，FWPV）引起的禽类的一种急性、热性和高度接触性传染病。发病特征为短暂的炎症过程，症状主要表现为无毛部皮肤（尤以头部皮肤）滤泡增生，形成结痂和上皮脱落。有的病例，在口腔和喉黏膜出现纤维素性坏死性炎症，常形成假膜，故又称禽白喉，通常分为皮肤型和黏膜型。鸡群在自然感染下死亡率较低，如存在较强病毒或并发寄生虫或其他疾病，死亡率较高，病鸡发育迟缓，产蛋较少，从而造成巨大的经济损失。

（一）病原学

禽痘病毒属痘病毒科禽痘病毒属（avipoxvirus）的成员，本属包括鸡痘病毒、火鸡痘病毒、鸽痘病毒、金丝雀痘病毒、相思鸟痘病毒等11个种，鸡痘病毒是其代表种。病毒粒子呈砖形，基因组为线状双股DNA。禽痘病毒能在鸡胚绒毛尿囊膜上增殖，鸭胚、火鸡胚和其他禽类胚胎也可用来增殖病毒，还可以在禽源细胞培养物上生长。禽痘病毒可抵抗乙醚，对氯仿敏感，对1%酚和1%福尔马林可抵抗9天，但在游离状态下能被1%氢氧化钾、1%醋酸灭活，50℃经30分钟或60℃经8分钟病毒可被灭活。该病毒在干燥痂皮中能存活数月或数年。冷冻干燥和50%甘油可使病毒长期保持活力达几年之久。

（二）流行病学

禽痘以鸡的易感性最强，各年龄的鸡均可感染，但雏鸡病情会更严重，病死率高；成年鸡较少患病，但在换羽和产蛋盛期及营养状况不良、卫生条件差下并发传染病、寄生虫病时，可有较多的成年鸡发病和死亡。火鸡、鹅、鸭虽能发病，但不严重。各品种的鸡均能感染鸡痘，但大冠种的鸡易感性较高，这可能是大冠的鸡易被带毒蚊子所袭击而引起皮肤型鸡痘。禽痘的传染是通过病禽与健康禽的直接接触而发生，脱落和碎散的痘痂是禽痘病毒散播的主要形式之一。禽痘一般是通过损伤的皮肤和黏膜而感染，常见于由头部、鸡冠和肉髯外伤后引起或经过拔毛后从毛囊侵入。黏膜破损多见于口腔、食道和眼结膜。吸血昆虫特别是蚊虫（库蚊、伊蚊和按蚊），能够携带禽痘病毒，是春、夏季造成禽痘广泛流行的传染媒介。蚊虫吸吮病鸡的血液后，携带禽痘病毒时间为10~30天。禽痘可发生于任何季节，但在春末、夏初，由于气候潮湿、蚊虫多时，禽痘病发生更为严重。

一般春季发生皮肤型禽痘较多，冬季时白喉型禽痘更为多见。

某些不良因素，如拥挤、通风不良、阴暗、潮湿、体外寄生虫、啄癖或外伤、饲养管理不良、维生素缺乏等，可促使本病发生。

（三）临床症状

鸡、火鸡和鸽自然感染的潜伏期为4～10天，按病毒侵犯部位的不同本病可分为皮肤型、黏膜型和混合型3种病型，偶有败血型。

（1）皮肤型。在身体无羽毛或羽毛稀少的部位，如冠、肉垂、嘴角、眼皮、耳垂和腿、脚、泄殖腔及翅的内侧等部位形成一种特殊的痘疹。起初痘疹为细小的灰白色小点，随后体积迅速增大，形成如豌豆大、灰色或灰黄色的结节。痘疹表面凹凸不平，结节坚硬而干燥，有时结节的数目很多，可互相联结而融合，产生大的疣状结节。如果痘痂发生在眼部，可使眼缝完全闭合；若发生在口角，则影响家禽的采食。这些痘痂突出于皮肤表面，在体表皮肤存在大约2周或稍短的时间之后，在病变的部位产生炎症并有出血，痘痂从形成至脱落需3～4周，脱落后留下一个平滑的灰白色瘢痕并痊愈。如果在瘢痕未痊愈之前强行剥离，皮肤上会留下红色的出血性病灶。皮肤型鸡痘一般无明显的全身症状，但感染严重的病例或体质衰弱者，则表现出精神萎靡、食欲不振、增重减缓、生长受阻，产蛋鸡则产蛋减少或完全停产，死亡率可达5%～10%。

（2）黏膜型。痘疹多发生于口腔、咽部、喉部、鼻腔、气管及支气管，在表面生成一种黄白色的结节，稍突出于黏膜表面，以后小结节逐渐增大并相互融合在一起，形成一层黄白色干酪样的假膜，覆盖在黏膜上面，这层假膜是由坏死的黏膜组织和炎性渗出物凝固形成，像人的"白喉"，所以称为白喉型鸡痘。随着病程的发展，口腔和喉部黏膜的假膜不断扩大和增厚，阻塞口腔和喉部，影响病禽的吞咽和呼吸，以致嘴往往无法闭合，病鸡频频张口呼吸，发出"嘎嘎"的声音；严重时，脱落的破碎小块痂皮掉进喉和气管，进一步引起呼吸困难，直至窒息死亡。有些病鸡在眶下窦和眼结膜亦可发生痘症，结膜充满脓性或纤维蛋白性渗出物，甚至会引起角膜炎而失明。

（3）混合型。即皮肤和黏膜同时受害，病情严重，死亡率高。严重的死亡率可达50%以上。

（4）败血型。此型很少见，病鸡无明显的痘疹，以严重的全身症状开始，精神沉郁，下痢，逐渐衰竭而死。病禽有时也表现为急性死亡。

（四）病理变化

本病病灶的特征是表皮结构的增生和变性，而上皮的最下层常无损害，除非有继发性的细菌侵害；染病部分的细胞肿大，出现空泡，在空泡中可以看到保林格尔氏小体。

皮肤与黏膜细胞感染最主要的特点是上皮增生和炎症变化，用光学显微镜可观察到细胞质内特征性的嗜伊红性包涵体，其他的细胞变化，都是非特异性的。包涵体可以在疾病发展各个阶段出现，这取决于感染后的时间，在发展期，细胞结构遭到破坏，而含脂质的包涵体在大小和数量上都有增加，在一些病例中，包涵体几乎占据整个细胞质，结果导致细胞坏死。人工感染鸡痘的病鸡，其内脏的病理变化往往不是很明显，有的病鸡可在肺部发现很小的痘痂。

（五）诊断

禽痘在皮肤、黏膜上形成典型的痘疹和特殊的痂皮及伪膜，结合其发病季节，如蚊虫发生的夏季、初秋以皮肤型多见，而冬季以黏膜型多发；老龄鸡有一定的抵抗力，而1月龄或开产初期产蛋鸡有多发的倾向，常可作出初步诊断。应用组织学方法寻找感染上皮细胞内的大型嗜酸性包涵体和原生小体，也有较大诊断意义。黏膜型禽痘开始时较难诊断，可用病料接种于鸡胚或人工感染的易感

鸡。病料可用痘痂或口咽的假膜，制成1∶5～1∶10的悬浮液，接种于10～11日龄鸡胚的绒毛尿囊膜上，5～7天后绒毛尿囊膜上可见有致密的增生性痘斑；或将病料擦入已划破的鸡冠、肉髯、无毛部皮肤或拔去羽毛的毛囊内，当鸡接种后，在5～7天内出现典型的皮肤痘疹时，即可确诊。此外，也可应用琼脂扩散试验、血凝试验、中和试验等方法进行诊断。

发生黏膜型禽痘时，其呼吸道症状与其他呼吸器官疾病（如鸡传染性喉气管炎、鸡传染性支气管炎、新城疫、鸡传染性鼻炎和鸡支原体病）很相似，而且多呈混合感染，此时需进行剖检，观察喉头、气管黏膜上有无痘疹，是否形成假膜等。

（六）综合防控

1. 免疫接种

搞好禽舍、运动场地的卫生工作，加强管理，防止发生外伤，消除蚊虫孳生条件，做好防蚊工作。注意做好新购入禽的隔离观察工作，可用疫苗进行预防接种。鸡痘鹌鹑化弱毒疫苗有甘油苗和冻干苗两种，对初生雏鸡（6日龄以上）及成鸡均可应用。疫苗按实含组织量用50%甘油盐水或生理盐水稀释100倍或200倍，摇匀后应用。用鸡痘刺种针蘸苗，于鸡翅内侧无血管处皮下刺种。6日龄以上初生雏鸡，用200倍稀释苗刺种1针；超过20日龄，用100倍稀释苗刺种1针；1月龄以上鸡，用100倍稀释苗刺种2针。接种后3～4天，刺种部位微现红肿、结痂，2～3周痂块脱落。成鸡免疫期为5个月，初生雏鸡为2个月，可于25日龄及120日龄各免疫1次，以后每半年免疫1次。此外，还可选用鸡痘鹌鹑化弱毒细胞苗，其应用方法同鸡痘鹌鹑化弱毒疫苗。发病后要严格隔离病禽，对死禽进行无害化处理。病鸡应及时隔离并采用一些对症疗法，以减轻其症状并防止因感染而发生其他合并症。

2. 对症治疗

对于禽痘的治疗，目前尚无特效的药物，对有治疗价值的可采用对症疗法，以减轻病禽的症状并防止继发细菌性感染。皮肤上的痘痂可用消毒剂，如用0.1%高锰酸钾溶液冲洗后，再用镊子小心剥离痘痂，然后在伤口处涂上碘酊、龙胆紫或石炭酸及凡士林。口腔、咽喉黏膜上的病灶，可用镊子将假膜轻轻剥离，用高锰酸钾溶液冲洗，再用碘甘油涂擦口腔。此外，以等量的硼砂和硫黄，加少许冰片配成散剂，或用醋酸可的松软膏等涂擦口腔。病禽眼部发生肿胀时，可将眼内的干酪样物挤出，然后用2%硼酸溶液冲洗，再滴入5%蛋白银溶液。剥离的痘痂、假膜或干酪样分泌物应集中销毁，以防病毒扩散。

十三、禽网状内皮组织增生症

禽网状内皮组织增生症（reticuloendotheliosis，RE）是由禽网状内皮组织增生症病毒（reticuloendotheliosis virus，REV）引起的一系列的病理性综合征，包括急性网状细胞瘤、矮小综合征及淋巴组织和其他组织的慢性肿瘤。尽管RE不是禽类的严重疾病，但病毒污染疫苗后导致的免疫抑制可加重并发症的严重程度。

（一）病原学

REV属于反转录病毒科禽C群反转录病毒群，但在免疫特性、形态结构上均与禽白血病病毒不同。

虽然REV所有毒株均属于同一血清型，但在抗原性与致病力方面稍有差异。可根据中和试验和与单克隆抗体反应的差异性将病毒分为3个亚型。REV可以在鸡胚绒毛尿囊膜上产生痘样病理变化，并常导致鸡胚死亡，也可在鸡胚、鸭胚、鹌鹑胚等成纤维细胞上增殖，但一般不产生细胞病理变化。REV在4℃时相对稳定，在37℃条件下20分钟其感染性会丧失50%。REV对乙醚敏感，不耐酸（pH3.0），5%氯仿也可灭活REV。

（二）流行病学

REV的易感宿主包括火鸡、鸡、鸭、鹅和鹌鹑，此外还有雉鸡、孔雀和珍珠鸡等，其中以火鸡发病最常见。在商品鸡群中本病多呈散发，在火鸡和野生水禽中可呈中等程度流行。患病禽作为传染源，可从口、眼分泌物及泄殖腔排泄物中排出病毒，通过污染鸡舍、饲料、饮水、垫料等水平传播使易感禽感染，吸血昆虫传播也可能是REV水平传播的另一途径。垂直传播也可发生，但与禽白血病病毒相比，REV通过种蛋的传染率较低。

受REV污染的生物制品在本病传播上亦具有重要意义。据报道，使用REV污染的马立克氏病火鸡疱疹病毒疫苗和禽痘疫苗而引起的REV在鸡群中的人工传播，常导致鸡群大批发生矮小综合征或免疫失败。

（三）临床症状及病理变化

本病在临床上可分为以下几种病型。

（1）急性网状细胞瘤。该病型主要是由复制缺陷型的T株REV引起。潜伏期最短3天，通常接种后6～21天死亡，很少有特征性临诊表现。新生雏鸡或火鸡接种后死亡率常达100%，表现为精神不振、贫血。病理变化为肝、脾肿大，并伴有局灶性或弥漫性的浸润病变。肿瘤结节或弥漫性增生病变也常见于胰腺、性腺、心脏和肾脏。组织学变化的一般特征是网状内皮细胞浸润和增生，同时伴有淋巴样细胞增生。

（2）矮小综合征。矮小综合征是指与非缺陷型REV毒株感染有关的几种非肿瘤疾病的总称，是一种严重的免疫抑制性疾病。受感染的禽生长发育明显受阻，苍白瘦弱，羽毛发育严重不良。病鸡矮小，胸腺和法氏囊严重萎缩，外周神经肿大。同时，还发生胃肠炎、贫血和肝脾坏死，且细胞和体液免疫应答能力降低。通过组织学检查，可见肿瘤结节及肿大的神经内大多为大的空泡样细胞（网状淋巴细胞）增生和浸润。

（3）慢性肿瘤。该病型是由非缺陷型REV毒株感染所引起的慢性肿瘤性疾病，主要包括鸡法氏囊源性淋巴瘤、非法氏囊源性淋巴瘤和火鸡淋巴瘤，均表现为慢性淋巴瘤形成。

上述3型中，矮小综合征和慢性肿瘤均可自然发生，但T株引起的急性网状内皮细胞瘤尚未发现自然病例。

（四）诊断

根据临诊上观察到的生长迟缓现象，结合病理解剖学的变化可初步诊断，确诊必须进行实验室检查。

（1）病原分离与鉴定。采取病料（肿瘤组织、脾脏或血液），接种于鸡肾细胞或鸡胚成纤维细胞、鸭胚成纤维细胞进行培养。组织培养物至少进行2次7天的盲传继代培养。分离物可用细胞培养方法进行中和试验，或腹腔接种1日龄小鸡，观察8周，可见到明显病变：法氏囊和胸腺萎缩；外周神经肿大，羽毛发育异常。也可用荧光抗体技术、ELISA及DNA杂交试验对分离培养物和组织样品进行直接检测，来确诊所分离的REV。

（2）血清学检查。除先天感染或免疫耐受产生持久性病毒血症而不产生抗体外，一般感染或接种后，均可用血清学方法检出抗体。这类方法常用的有间接荧光抗体试验、中和试验、ELISA及琼脂扩散试验等。

（3）鉴别诊断。RE在病理学上与马立克氏病（MD）和淋巴细胞性白血病（LL）十分相似，仅靠肉眼或光镜较难区别。急性网状细胞瘤由于自然病例少、潜伏期短，故易与MD或LL区别。应注意矮小综合征与MD、鸡腔上囊性淋巴瘤与LL的鉴别诊断。后者可结合病原学和血清学技术加以区别。PCR可准确诊断本病，因只有来源于REV感染组织的DNA才能扩增，未感染鸡血液或MD、LL肿瘤的DNA不能扩增。非囊性网状内皮组织增生症与MD、LL的鉴别见表1。

表1　MD、LL和非囊性网状内皮组织增生症（RE）的鉴别

类型		MD	LL	RE*
鉴别要点	发病高峰期	2～7月龄	4～10月龄	2～6月
	界限	>1月龄	>3月龄	>1月龄
临诊表现	瘫痪	常见	无	很少
大体病变	肝脏	常见	常见	常见
	神经	常见	无	常见
	皮肤	常见	少见	少见
	法氏囊肿瘤	少见	常见	少见
	法氏囊萎缩	常见	少见	常见
	肠道	少见	常见	常见
	心脏	常见	少见	常见
显微病变	多形细胞	有	无	有
	一致的胚型细胞	无	有	无
	法氏囊肿瘤	滤泡间	滤泡内	少见
表面抗原	MATSA	5%～4%	无	无
	IgM	<5%	91%～99%	未知
	B细胞	3%～25%	91%～99%	少见
	T细胞	60%～90%	少见	常见

注：*只是非囊性型，囊性型的特点与LL相同。

（五）综合防控

本病尚无有效的治疗方法，也没有疫苗可用，可参照禽白血病的综合性防治措施进行预防和控制。加强生物安全措施，不要引入带病禽，搞好常规的卫生管理，及时淘汰血清学阳性的种鸡群及商品鸡群是行之有效的措施。

十四、鸡肿头综合征

鸡肿头综合征（swollen head syndrome，SHS）又称粗头或面部蜂窝织炎，是由禽肺病毒引起并发大肠杆菌等病原感染的一种多因素的传染性疾病。以头部、面部水肿和呼吸困难、咳嗽、流涕为特征。本病具有传染性，能由一舍传向另一舍，肉仔鸡发病后死亡率增加，产蛋鸡发生时产蛋率下降15%左右。

（一）病原学

禽肺病毒属于副黏病毒科肺病毒亚科火鸡肺病毒属。电镜下观察病毒多呈球形，直径为80～200纳米。病毒基因组编码8种结构多肽，其中有2种为糖蛋白，3种为特异性的非结构蛋白。

（二）流行病学

本病每年各季均可发生，但以气候多变的秋、冬寒冷季节多发，各种日龄鸡均可发病，肉用仔鸡及成鸡多发生，成鸡症状较雏鸡严重。一旦发生，可在2～5天内遍及全场。该病主要通过接触而水平传播，病鸡和发病后康复鸡的消化道和鼻腔分泌物污染饲料、饮水和环境而成为传染源，鸡肿头综合征的传播速度较慢，目前还尚无证据表明该病可以垂直传播。对于肉鸡来讲，鸡肿头综合征的发病时间段一般在4～7周龄，以5～6周龄段肉鸡为高发；对于肉用种鸡和蛋鸡来讲，则可发生于各个时间段。鸡感染发病后，如未采取相应的防控措施，其病程大约为10天；养鸡场鸡肿头综合征的发生与鸡群的饲养管理环境因素有着直接的关联，尤其是鸡群在高密度的养殖条件下，鸡舍内通风换气不良，空气中的氨气等有害气体浓度过高，其鸡肿头综合征的发病率和死亡率则将会愈高。如果鸡群并发支原体病或大肠杆菌病，可使病情复杂，增加发病率和死亡率，延长治疗时间。

（三）临床症状

鸡群发病的第一症状是病鸡打喷嚏，病鸡发病一天内伴随出现眼结膜炎、泪腺肿胀，并在之后的12～24小时内头面部开始出现皮下水肿，水肿多最先见于眼部周围，继而发展到头部，再而波及下颌部甚至肉垂，在发病的早期，病鸡常常表现出头面部瘙痒，并常以爪子抓搔头面部，接着病鸡表现精神极度沉郁，不愿活动，食欲减退甚至不食，随着病情的发展，病鸡有呼吸困难、咳嗽和流鼻涕等呼吸道症状出现，一般鸡群的发病率在30%以下，死亡率在1%～20%。对于肉用种鸡和产蛋鸡发病来讲，除了可观察到发病鸡表现出精神沉郁、头面部水肿并有瘙痒现象之外，发病鸡还表现出特异性的神经症状，大部分病鸡会表现出脑部的定向障碍，如表现出持续性的重复摇头、斜颈和运动失调，以及行动不稳及角弓反张等，一部分病鸡会表现出鸡头向上仰，并呈现出"观星状"姿势。病鸡不愿活动，部分病鸡会因精神极度沉郁、食欲废绝，而表现极度虚弱甚至死亡。产蛋鸡感染后的产蛋率和孵化率均会出现不同程度的下降，但数天后会逐渐恢复正常。

（四）病理变化

病死鸡头部周围皮下组织存在大量的胶样液或者脓液，颅骨气腔中含有大量的干酪样物质，中耳发炎，存在较多的浆液性或者脓性分泌物；泪腺和鼻甲骨黏膜形成淤血，并存在点状出血，且角膜出现溃疡。胸部、腿部肌肉发生点状或者块状出血，肝脏散布少量出血点。卵泡发生病变，呈菜花样，少数小卵泡会发生出血、坏死，输卵管弹性下降，里面存在白色黏性分泌物。消化道没有发生明显病变。脾脏切开后，可见切面明显外翻，剖开肿胀处可见胶冻样浸润。少数病鸡的鸡冠切开后会存在干酪样物。

（五）综合防控

本病必须通过加强消毒管理来控制传播，由于空气是传播的媒介，因此呼吸道感染是本病的主要传播途径，故一定要做好空气的消毒。疫病流行期间，采用全方位鸡舍雾化消毒。消毒剂雾化后，一方面表面积增大，容易和病原接触从而将其杀灭，另一方面也能随动物的呼吸黏附于鸡呼吸道黏膜，对已经侵入的病原也能起到一定程度的抑杀作用，且雾化后液滴非常小，有利于黏附空气中的尘埃粒子，使其加速沉降，降低感染率，在一定程度上也增加了空气湿度。常用的带鸡喷雾消毒剂有苯扎溴铵、醋酸氯己定等。

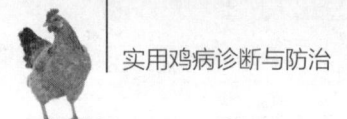

第四章　鸡群主要细菌性传染病

一、禽沙门氏菌病

禽沙门氏菌病（avian salmonellosis）是由沙门氏杆菌属中的一种或几种沙门氏杆菌引起的禽类急性或慢性疾病的总称，严重危害鸡只的健康，常常给养鸡场造成严重的经济损失。由于可以垂直传播，因此，本病发病率极高。禽沙门氏菌病依据病原体抗原结构的不同可分为3类：由鸡白痢沙门氏杆菌引起的疾病称为鸡白痢；由禽伤寒沙门氏杆菌引起的疾病称为禽伤寒；由有鞭毛能运动的沙门氏杆菌引起的疾病统称为禽副伤寒。禽沙门氏杆菌病存在于世界各地，对禽类危害较大。

（一）流行病学

各品种的鸡对本病均有易感性，以2～3周龄以内雏鸡的发病率与病死率为最高，呈流行性。成年鸡呈慢性或隐性感染。近年来，育成阶段的鸡发病也日趋普遍。本病主要经卵传播，如种鸡场白痢净化不彻底，雏鸡在胚胎即可被感染，出壳雏鸡多衰弱并成为传染源向外扩散病原。本病也可通过消化道、呼吸道水平传播，死亡率达30%以上，育成鸡和成年鸡也可感染发病，严重影响生长发育，还可造成产蛋鸡产蛋率下降，死淘率升高等，造成严重的经济损失。本病四季均可发生，死亡率和造成的经济损失与种鸡场的净化程度、鸡群饲养管理水平以及防治措施是否得当有着密切的关系。

该菌根据不同临床症状可以具有不同的流行特点，具体表现为：

（1）鸡白痢。此病各品种、各年龄的鸡均可发生，3周龄以内的雏鸡发病严重，死亡率极高，成年鸡为慢性，严重影响产蛋，可垂直传播，几乎无法彻底消除。

（2）禽伤寒。此病主要危害3月龄以上的成鸡，无季节性，但以春、冬季多发，主要是经蛋垂直传播，也可通过接触病鸡或被污染的饲料、饮水等经消化道水平传播。鸭、鹌鹑、野鸭等也可感染。

（3）禽副伤寒。此病主要感染鸡和火鸡，危害1月龄内的幼雏，死亡率很高，可垂直传播。

（二）临床症状

鸡沙门氏菌病按发病速度主要分为急性败血型、亚急性型、慢性型。急性败血型常发生于4周龄以内的雏鸡；死前无临床症状，呈突发性死亡；病程略长的可见到精神萎靡、不吃不喝，病后两三天死亡。亚急性型见于4周龄以后的育成鸡和成年产蛋鸡；以开产前后死亡最多，此时可见死亡率突增，可持续数周，有的拉稀，也有的无特殊症状而突然死亡；仅腹部膨大较明显，有的鸡冠发紫，死后鸡冠多苍白。慢性型见于成年鸡；多数体重特别大，腹部膨大，停止产卵，突然死亡，少数表现瘦弱、拉稀、精神沉郁。本病常发生在雏鸡出壳后2～3天，病雏鸡精神委顿，缩头颈，闭眼昏睡，绒毛松乱。初期病鸡仅表现为食欲减少，继而不食，腹泻，排白色稀浆样粪便，有糊堵肛门现象；严重者因呼吸困难或急性败血症而死亡；8～12日龄期间死亡率最高。耐过鸡生长发育不良，羽毛干燥、松乱。种雏鸡在成年后带菌较多，未经药物处理鸡白痢阳性率高，可达30%。此种蛋孵化的雏鸡容易发生鸡白痢；育成鸡发病时精神不振，拉稀死亡；成年蛋鸡和蛋种鸡发病时消瘦，排绿色或白色稀粪，产蛋率下降或个别鸡停止产蛋，种蛋的受精率、孵化率及健雏率降低，个别鸡突然死亡。

（1）鸡白痢。此病多见于孵出的弱鸡苗，5～7日龄症状明

显，有的无症状死亡，怕冷、聚群、两翅下垂，食欲减退甚至废绝，拉白色、淡黄色、淡绿色黏性稀便，粪便粘着肛周，排粪困难，呼吸困难。

（2）禽伤寒。雏鸡的症状与鸡白痢相似，成年鸡精神委顿，羽毛松乱，鸡冠萎缩、苍白，腹泻，粪便呈黄绿色，急性病例7天左右死亡。

（3）禽副伤寒。无明显症状死亡。10日龄后则表现出精神委顿，怕冷，毛松，食欲废绝，排水样稀便，有的鸡呼吸困难。本病死亡率较高。

（三）病理变化

（1）鸡白痢。1周龄以内的病雏鸡主要可见到脐环愈合不良，卵黄变性和吸收不良。1周龄以上的病雏主要表现为肝脏肿大，表面有"雪花"样坏死灶；肺脏形成灰黄色结节；心肌有灰白色肉芽肿；盲肠可见到柱状"肠芯"；病鸡还可能表现出肾脏肿大、苍白，关节肿大等症状。中鸡的病理变化与雏鸡相似，其肝脏肿大，表面呈土黄色，质地脆弱易碎，肝脏被膜常发生破裂而大量出血，因此可在腹腔内见到积聚的血凝块。成年鸡可见卵巢炎、输卵管炎、卵黄性腹膜炎等。

（2）禽伤寒。最急性病例多无明显病变或很轻微。急性发病雏鸡可表现出肝、脾和肾肿胀。亚急性和慢性病例则可见到肝脏肿大呈铜绿色，有粟粒大灰白色或浅黄色坏死，胆囊肿大并充满胆汁，脾脏肿大并常伴随坏死灶。有心包积液，有时发生粘连。肺脏和肌胃也有灰白色坏死灶。

（3）禽副伤寒。肝脏肿大呈古铜色，表面散布点状或条纹状出血及灰白色坏死灶，肺发生坏死，胆囊肿大。脾脏肿大并伴随斑点状坏死。此外，还有心包炎、气囊炎、鼻窦炎、肠炎，盲肠内形成"栓子样病理变化"。成鸡有卵巢炎、腹膜炎等病理变化。

剖检后鸡胚在第5日照蛋可见到死亡的血胚增加很多，打开后见到血丝粘连在蛋壳上，同时发育迟缓的鸡胚比例增多。在第18天照蛋，可见死胚增加，并出现臭蛋，发育比同期正常鸡胚慢1～2天。打开后鸡胚表面多呈粉红色充血，尿囊液混浊黏稠，有的头部肿胀。未吸收完的卵黄囊大，且呈现绿色，鸡胚腹腔内的肠道中有少量深绿色粪便。病鸡胚比正常鸡胚晚24～48小时破壳，弱雏无力啄破蛋壳，或啄破部分蛋壳后死于壳内。已出壳的弱雏身上沾满蛋壳，不易剥落。部分弱雏脐部发育不好且与蛋壳粘连，也有的腹部膨大。血蛋与毛蛋所占比例增加，毛蛋多于血蛋。

雏鸡急性败血型内脏多无明显变化，卵黄吸收不良，残留卵黄囊大，呈现绿色，有些雏鸡患有脐炎；亚急性型卵黄吸收不全，肝脏肿大，有的紫红色，有的土黄色，肝表面有点状或条纹出血；脾脏比正常肿大2～3倍，表面有点状出血；肾脏肿大，有点状出血；胸肌有出血点；心包内有黄色浆液性渗出物，血凝不良；十二指肠壁增厚。

（四）预防

（1）建立健康鸡群。挑选健康种鸡、种蛋、建立健康鸡群，慎重地从外地引进种蛋。对于健康鸡群，每年春秋两季定期用血清凝集试验对种鸡进行全面检疫及不定期抽查检疫。对60天以上的中雏也可进行检疫，淘汰阳性鸡及可疑鸡。对有病鸡群，应每隔2～4周检疫1次，经3～4次后一般可把带菌鸡全部检出淘汰，但有时也需反复多次才能检出。

（2）做好孵化消毒。孵化时，用季胺类消毒剂喷雾消毒孵化前的种蛋，拭干后再入孵。每次孵化前将孵房及所有用具，用甲醛消毒。对引进的鸡要注意隔离及检疫。

（3）药物预防。雏鸡出壳后用福尔马林14毫升/米^3、高锰酸钾7克/米^3，在出雏器中熏蒸15分钟；用0.01%高锰酸钾溶液饮水1～2天。在鸡白痢易感日龄期间按0.5%加入磺胺类药，有利于控制鸡白痢的发生。

（4）消除各种应激因素。如饲养密度大，长途高温或低温运雏，通风不良，舍内温度过高或过低，卫生条件不良，饲养管理不善等，都可诱导鸡的发病。

（五）治疗

在雏鸡1～5日龄时在饲料中拌入庆大霉素、卡那霉素及喹诺酮类药物，连续5日；成鸡采用庆大霉素粉拌料，每只鸡5万单位，治疗效果明显。对于种鸡群，用鸡白痢平板凝集抗原做血检后，淘汰全部阳性鸡。

二、鸡大肠杆菌病

鸡大肠杆菌病（avian colibacillosis）是由致病性大肠埃希氏杆菌引起的一种传染病。该病的血清型较多，临床表现复杂多样。该病为条件性传染病，多继发或并发于其他疾病。当机体的抵抗力降低时，如过热、过冷、密度过大、营养不良以及其他疾病因素（新城疫、禽流感、鸡传染性支气管炎、巴氏杆菌病等），可使皮肤和黏膜的屏障机能降低，而致病性大肠杆菌大量繁殖，从而引起发病。病鸡排出的细菌，经粪便污染蛋壳并感染鸡胚造成胚胎死亡和雏鸡发病。细菌还可经饮水、饲料、空气传染给健康雏鸡。

（一）流行病学

大肠杆菌在自然界中广泛存在，也是畜禽肠道的正常栖居菌，许多菌株无致病性，而且对机体有益，能合成维生素B族和维生素K，供宿主利用，并对许多病原菌有抑制作用。大肠杆菌中一部分血清型的菌株具有致病性，或当鸡只健康、抵抗力强时不致病，而当机体健康状况下降，特别是在应激情况下就表现出致病性，使感染的鸡群发病。

鸡、鸭、鹅等家禽均可感染大肠杆菌，鸡在4月龄以内易感性较高。本病的传播途径有3种：

（1）母源性种蛋带菌，垂直传递给下一代雏鸡。

（2）种蛋本来不带菌，但蛋壳上所沾的粪便等污染物带菌，在种蛋保存期和孵化期侵入蛋的内部。

（3）接触传播，大肠杆菌通过消化道、呼吸道、肛门和皮肤创伤等门户都能侵入体内，饲料、饮水、垫料、空气等是主要传播媒介。

鸡大肠杆菌病可以单独发生，也常常是一种继发感染，与鸡白痢、禽伤寒、禽副伤寒、鸡慢性呼吸道病、鸡传染性支气管炎、新城疫、禽霍乱等合并发生。

（二）临床症状

（1）大肠杆菌性败血症6～10周龄肉鸡多发，病死率为5%～20%。特征性病理变化是纤维素状心包炎，心包膜变厚、混浊，心包积液。肝脏明显肿胀，表面有白色胶冻样或纤维素性渗出物，肝有白色坏死点或坏死斑。脾脏充血、肿胀。气囊混浊，肥厚。

（2）出血性肠炎。病鸡主要表现为下痢，并带有血液。剖检可见肠黏膜出血和溃疡，一般呈散发，致死率较高。

（3）大肠杆菌性肉芽肿。其特征是在小肠、盲肠、肠系膜和肝等部位出现结节性肉芽肿病变，病死率较高。

（4）脐炎。其主要发生在出壳初期。病雏脐部红肿、开张，后腹部胀大，呈红色或青紫色，粪便黄白色、稀薄、腥臭，病雏委顿、废食，出壳最初几天死亡较多。剖检可见卵黄吸收不良，囊壁充血，内容物呈黄绿色。肝呈土黄色，肿胀，质脆，有斑状或点状出血。肠黏膜充血或出血。

（5）卵黄性腹膜炎。其主要发生于产蛋鸡，一般呈散发。病鸡停止产蛋，鸡冠发紫，排黄绿色粪便，死亡的病鸡多体膘良好。剖检可见腹腔内布满蛋黄凝固的碎块或蛋黄液，味恶臭，肝褐色，

有的病鸡输卵管内有黄白色干酪样物。

（6）全眼球炎。在发生大肠杆菌性败血症的同时，另有部分鸡眼睑肿胀、流泪、畏光、角膜混浊，眼球萎缩而失明。

（三）预防

大肠杆菌为条件性致病菌，广泛存在于自然界中，对大肠杆菌病的控制主要依靠饲养管理来排除发病诱因。种蛋的收集、消毒和孵化应严格按照卫生要求进行，以杜绝本病的发生。并发和继发感染是本病的一个特点。做好新城疫、传染性法氏囊病、鸡传染性支气管炎等传染病的免疫预防，可间接地起到防止大肠杆菌感染的作用。

一些鸡场平时经常使用抗菌药物，致使大肠杆菌对这些药物具有不同程度的耐药性。因此，用药前，最好先分离病原菌做药敏试验，以便选择最敏感的药物，若暂无条件做药敏试验，则可选用平时未曾使用过的抗菌药物。对大肠杆菌病发病严重的鸡场，可用本场大肠杆菌分离株制备多价灭活菌苗或油佐剂苗进行免疫预防，一般在10周龄和17周龄各注射一次。给鸡群经常饲喂一些有益的肠道菌群，可抑制肠道内有害菌的繁殖，减少大肠杆菌等细菌病的发生。

三、禽霍乱

禽霍乱（avian cholera，FC）是一种侵害家禽和野禽的接触性疾病，又名禽巴氏杆菌病、禽出血性败血症。该病自然潜伏期一般为2～9天，常呈现败血性症状，发病率和死亡率很高，但也常出现慢性或良性经过。

（一）病原学

多杀性巴氏杆菌（*pasteurella multocida*）是两端钝圆、中央微凸的短杆菌，不形成芽孢，也无运动性。本菌对物理和化学因素的抵抗力比较低,在自然干燥的情况下,很快死亡;在37℃保存的血液、猪肉及肝、脾中,分别于6个月、7天及15天死亡;在浅层的土壤中可存活7~8天,粪便中可存活14天。普通消毒药常用浓度对本菌都有良好的消毒力:1%石炭酸、1%漂白粉、5%石灰乳、0.02%升汞液可使其在数分钟至十数分钟死亡。日光对本菌有强烈的杀菌作用,薄菌层暴露在阳光下10分钟即可被杀死。

(二)流行病学

各种家禽,如鸡、鸭、鹅、火鸡等对本病都有易感性,但鹅易感性较差,各种野禽也易感。禽霍乱造成鸡的死亡损失通常发生于产蛋鸡群,因这种年龄的鸡较幼龄鸡更为易感。16周龄以下的鸡一般具有较强的抵抗力,但临床也曾发现10天发病的鸡群。自然感染鸡的死亡率通常是0~20%或更高,经常发生产蛋下降和持续性局部感染。断料、断水或突然改变饲料,都可使鸡对禽霍乱的易感性提高。多杀性巴氏杆菌在禽群中的传播主要是通过病禽口腔、鼻腔和眼结膜的分泌物进行的,这些分泌物污染了环境,特别是饲料和饮水。粪便中很少含有活的多杀性巴氏杆菌。

(三)临床症状

本病自然感染的潜伏期一般为2~9天,有时在引进病鸡后48小时内也会突然暴发病例。人工感染通常在24~48小时发病。由于家禽的机体抵抗力和病菌的致病力强弱不同,所表现的症状亦有差异。一般分为最急性、急性和慢性3种病型。

1. 最急性型

此型常见于流行初期,以产蛋高的鸡最常见。病鸡无前驱症状,晚间一切正常,吃得很饱,次日发病死在鸡舍内。

2. 急性型

此型最为常见,病鸡主要表现为精神沉郁,羽毛松乱,缩颈闭眼,头缩在翅下,不愿走动,离群呆立。病鸡常有腹泻,排出黄

色、灰白色或绿色的稀粪。体温升高到43～44℃，减食或不食，渴欲增加。呼吸困难，口、鼻分泌物增加。鸡冠和肉髯变为青紫色，有的病鸡肉髯肿胀，有热痛感。产蛋鸡停止产蛋。最后发生衰竭，昏迷而死亡。病程短的约半天，长的1～3天。

3. 慢性型

此型由急性不死亡转变而来，多见于流行后期。以慢性肺炎、鸡慢性呼吸道炎和慢性胃肠炎较多见。病鸡鼻孔有黏性分泌物流出，鼻窦肿大，喉头积有分泌物而影响呼吸。病鸡消瘦，经常腹泻，精神委顿，鸡冠苍白。有些病鸡一侧或两侧肉髯显著肿大，随后可能有脓性干酪样物质，或干结、坏死、脱落。有的病鸡有关节炎，常局限于脚或膝关节和腱鞘处，表现为关节肿大、疼痛、脚趾麻痹，因而发生跛行。病程可拖至1个月以上，但生长发育和产蛋长期不能恢复。

（四）病理变化

最急性型死亡的病鸡无特殊病变，有时只能看见心外膜有少许出血点。急性型病例病变较为典型，病鸡的腹膜、皮下组织及腹部脂肪常见小出血点；心包变厚，心包内积有多量不透明淡黄色液体，有的含纤维素絮状液体，心外膜、心冠脂肪出血尤为明显；肺有充血或出血点；肝脏的病变具有特征性，肝稍肿，质变脆，呈棕色或黄棕色，肝表面散布许多灰白色、针头大的坏死点；脾脏一般不见明显变化，或稍微肿大，质地较柔软；肌胃出血显著，肠道尤其是十二指肠呈卡他性和出血性肠炎，肠内容物含有血液。慢性型因侵害的器官不同而有差异，当以呼吸道症状为主时，见到鼻腔和鼻窦内有多量黏性分泌物，某些病例见肺硬变；局限于关节炎和腱鞘炎的病例，主要见关节肿大变形，有炎性渗出物和干酪样坏死；公鸡的肉髯肿大，内有干酪样的渗出物，母鸡的卵巢明显出血，有时卵泡变形，似半煮熟样。

（五）综合防控

加强鸡群的饲养管理，平时严格执行鸡场兽医卫生防疫措施，以栋舍为单位采取全进全出的饲养制度，预防本病的发生是完全有可能的。一般从未发生本病的鸡场不进行疫苗接种。鸡群发病应立即采取治疗措施，有条件的地方应通过药敏试验选择有效药物全群给药。磺胺类药物、氯霉素、红霉素、庆大霉素、环丙沙星、恩诺沙星、喹乙醇均有较好的疗效。在治疗过程中，剂量要足，疗程要合理，当鸡只死亡明显减少后，再继续投药2～3天以巩固疗效防止复发。

对常发地区或鸡场，药物治疗效果日渐降低，本病很难得到有效的控制，可考虑应用疫苗进行预防。由于疫苗免疫期短，防治效果不十分理想，在有条件的地方可在本场分离细菌，经鉴定合格后，制作自家灭活苗，定期对鸡群进行注射。经实践证明通过1～2年的免疫，本病可得到有效控制。

四、鸡坏死性肠炎

坏死性肠炎（necrotic enteritis）又称肠毒血症，是由魏氏梭菌（clostridium welchii）引起的一种急性传染病，主要表现为病鸡排出黑色间或混有血液的粪便，病死鸡以小肠后段黏膜坏死为特征。

（一）病原学

魏氏梭菌在自然界分布极广，土壤、饲料、污水、粪便及人畜肠道内均可分离到。该菌是两端钝圆的大杆菌，没有鞭毛不能运动，在动物体内有荚膜是本菌的特点；可形成芽孢，呈卵圆形，位于菌体中央或近端，不比菌体大；在血液琼脂培养基上形成圆形、光滑隆起的大菌落，表面有辐射状条纹，呈现双重溶血环，内环完全溶血，外环不完全溶血，该菌可产生外毒素。

（二）流行病学

自然条件下仅见鸡发生本病，肉鸡、蛋鸡均可发生，尤以平养鸡多发，育雏和育成鸡多发。肉鸡发病多见于2～8周龄。一年四季均可发生，但在炎热潮湿的夏季多发。该病的发生多有明显的诱因，如鸡群密度大，通风不良；饲料的突然更换且饲料蛋白质含量低；不合理地使用药物添加剂；球虫病的发生等。一般情况下该病的发病率、死亡率不高。

（三）临床症状

此病常突然发生，病鸡往往没有明显症状就突然死亡。病程稍长可见病鸡精神沉郁，羽毛粗乱，食欲不振或废绝，排出黑色间或混有血液的粪便。一般情况下发病鸡只较少，如治疗及时1～2周即告停息。死亡率为2%～3%，如有并发症或管理混乱则死亡明显增加。

（四）病理变化

新鲜病尸打开腹腔后即可闻到一般疾病所少有的尸腐臭味。最具特征的变化在肠道，尤以小肠的中后段最明显。肠道表面呈污灰黑色或污黑绿色，肠腔扩张充气，是正常肠管的2～3倍，肠壁增厚。肠腔内容物呈液状，有泡沫，为血样或黑绿色。肠壁充血，有时见有出血点，黏膜坏死，呈大小不等、形状不一的麸皮样坏死灶，有的形成伪膜，易剥脱。其他脏器多为淤血，无特异变化，有报道可见肝脏上有广泛性的变性坏死。组织学变化可见肠黏膜上皮彼此分离，脱离基底膜；固有层充血、出血，没有明显的炎症反应；病情稍长者，绒毛和上皮崩解脱落，固有层充血，淋巴细胞增多，肠腺扩张、囊状，内积黏液及坏死崩解的上皮细胞；局灶黏膜坏死、红染，结构消失，肠腺残留阴影；黏膜肌甚至内环形肌也坏死，红染，有大量细菌丛侵入黏膜肌处，坏死灶底部成纤维细胞增生。

（五）鉴别诊断

根据流行病学特点和特征性的病理变化可作初步诊断。本病的确诊主要靠病料涂片镜检以及病原菌的分离鉴定。新鲜病死鸡可采取肠道肠黏膜刮取物涂片或肝脏触片，革兰氏染色后，镜下可见到大量均一的革兰氏阳性短粗、两端钝圆的大杆菌，呈单个散在或成对排列，着色均匀，有荚膜，在陈旧培养物中偶见芽孢。细菌的分离鉴定同前所述。在诊断中应注意与溃疡性肠炎相区别，鉴别要点是用肝组织涂片镜检和用病料饲喂鹌鹑，如为溃疡性肠炎幼鹑几乎100%死亡，而用坏死性肠炎的病料喂鹌鹑则不会发病；肝组织涂片中，溃疡性肠炎病料可见到菌体和芽孢，鸡坏死性肠炎病料仅见有菌体。

（六）预防

抗生素有较好的治疗效果。据报道，用0.1%氯霉素或0.04%呋喃唑酮拌料投服可明显控制新发病例的出现，1周内疫情得到平息。有人认为林可霉素对人工发病及自然病例均有良好的治疗效果，不但可以预防和治疗本病，而且可促进肉鸡生长，提高饲料报酬。有人选用庆大霉素饮水，按10毫克/千克体重，每天2次，连服5天。值得注意的是在治疗的同时，鸡舍卫生条件要改善，认真做好兽医卫生消毒工作，控制鸡群密度，加强通风，搞好饲养管理等项工作对迅速控制本病是非常重要的。对本病的预防主要是加强饲养管理，提高鸡只抗病能力。同时，采取有效措施减少各种应激因素的影响，并做好其他疾病的预防工作。平养鸡控制球虫病的发生，对防治本病有重要意义。

五、鸡传染性鼻炎

鸡传染性鼻炎（infectious coryza，IC）是由副鸡禽杆菌（*Avibacterium paragallinarum*）所引起的鸡急性呼吸系统疾病，主要症状为鼻腔与鼻窦发炎、流鼻涕、脸部肿胀和打喷嚏。

（一）病原学

副鸡禽杆菌呈多形性。本菌在初分离时为一种革兰氏阴性的小球杆菌，两极染色，不形成芽孢，无荚膜无鞭毛，不能运动。本菌为兼性厌氧，对营养的需求较高，鲜血琼脂或巧克力琼脂可满足本菌的营养需求。

本菌的抵抗力很弱，培养基上的细菌在4℃时能存活两周，在自然环境中数小时即死。对热及消毒药也很敏感，在45℃存活不过6分钟，在真空冻干条件下可以保存10年。

（二）流行病学

本病发生于各种年龄段的鸡，老龄鸡感染较为严重。7天的雏鸡，在其鼻腔内人工接种病菌常可发生本病，而3～4天的雏鸡则稍有抵抗力。4周龄至3年的鸡易感，但有个体的差异性。人工感染4～8周龄小鸡有90%出现典型的症状。13周龄和大些的鸡则100%感染。在较老的鸡中，潜伏期较短，而病程长。

病鸡及隐性带菌鸡是传染源，而慢性病鸡及隐性带菌鸡是鸡群中发生本病的重要原因。其传播途径主要为飞沫及尘埃经呼吸传染，但也可通过污染的饲料和饮水经消化道传染。雉鸡、珠鸡、鹌鹑偶然也能发病，但病的性质与鸡不同，具有毒性反应。本病的发生与一些能使机体抵抗力下降的诱因密切相关，如鸡群拥挤，不同年龄的鸡混群饲养，通风不良，鸡舍内闷热，氨气浓度大，或鸡舍寒冷潮湿，缺乏维生素A，受寄生虫侵袭等都能促使鸡群严重发病。鸡群接种禽痘疫苗引起的全身反应，也常常是传染性鼻炎的诱因。本病多发于冬秋两季，这可能与气候和饲养管理条件有关。

（三）临床症状

该病的损害部位在鼻腔和鼻窦，发生炎症者常仅表现鼻腔流稀薄清液，常不令人注意。一般常见症状为鼻孔先流出清液以后转为浆液黏性分泌物，有时打喷嚏。脸肿胀或显示水肿，眼结膜发炎、眼睑肿胀。食欲及饮水减少，或有下痢，体重减轻。病鸡精神沉郁，脸部浮肿，缩头，呆立。仔鸡生长不良，成年母鸡产蛋减少；公鸡肉髯常见肿大。如炎症蔓延至下呼吸道，则呼吸困难，病鸡摇头欲将呼吸道内的黏液排出，并有啰音。咽喉亦可积有分泌物的凝块，最后常窒息而死。

（四）病理变化

本病发病率虽高，但死亡率较低，尤其是在流行的早、中期鸡群中很少有死鸡出现。在鸡群恢复阶段，死淘增加，但不见死亡高峰，这部分死淘鸡多属继发感染所致。病理剖检变化也比较复杂多样，有的死鸡具有一种疾病的主要病理变化，有的死鸡则兼有2～3种疾病的病理变化特征，具体说在本病流行中由于继发症致死的鸡中常见鸡慢性呼吸道疾病、鸡大肠杆菌病、鸡白痢等。病死鸡多瘦弱，不产蛋。

育成鸡发病死亡较少，流行后期死淘鸡不及产蛋鸡群多。主要病变为鼻腔和鼻窦黏膜呈急性卡他性炎症，黏膜充血肿胀，表面覆有大量黏液，鼻窦内有渗出物凝块，后成为干酪样坏死物；常见卡他性结膜炎，结膜充血肿胀；脸部及肉髯皮下水肿；严重时可见气管黏膜炎症，偶有肺炎及气囊炎。

（五）鉴别诊断

本病和鸡慢性呼吸道病、慢性鸡霍乱、禽痘及维生素缺乏症等的症状相类似，故仅从临诊上来诊断本病有一定困难。此外，传染

性鼻炎常有并发感染，在诊断时必须考虑到其他细菌或病毒并发感染的可能性。如鸡群内死亡率高，病期延长时，则更需考虑有混合感染的因素，须进一步作出鉴别诊断。

（六）综合防控

鉴于本病发生常由于外界不良因素而诱发，因此平时养鸡场在饲养管理方面应注意以下几个方面。

（1）鸡舍内氨气含量过大是发生本病的重要因素。特别是高代次的种鸡群，鸡群数量少，密度小，寒冷季节舍内温度低，为了保温门窗关得太严，造成通风不良。为此应安装供暖设备和自动控制通风装置，可明显降低鸡舍内氨气的浓度。

（2）寒冷季节气候干燥，舍内空气污浊，尘土飞扬。应通过带鸡消毒降落空气中的粉尘，净化空气，以积极防治本病。

（3）饲料、饮水是造成本病传播的重要途径。加强饮水用具的清洗消毒和饮用水的消毒是防病的经常性措施。

（4）鸡舍尤其是病鸡舍是个大污染场所，因此，必须十分注意鸡舍的清洗和消毒。对周转后的空闲鸡舍应严格按照以下执行：一清，即彻底清除鸡舍内粪便和其他污物；二冲，清扫后的鸡舍用高压自来水彻底冲洗；三烧，冲洗后晾干的鸡舍用火焰消毒器喷烧鸡舍地面、底网、隔网、墙壁及残留杂物；四喷，火焰消毒后再用2%氢氧化钠溶液或0.3%过氧乙酸溶液，或2%次氯酸钠溶液喷洒消毒；五熏蒸，完成上述四项工作后，用福尔马林按42毫升/米^3，对鸡舍进行熏蒸消毒，再密闭24～48小时，然后闲置2周。进鸡前采用同样的方法再熏蒸一次，经检验合格后才可进入新鸡群。

（5）免疫接种。鸡传染性鼻炎油佐剂灭活疫苗已研制成功，通过实验室和区域试验证明该疫苗对不同地区、不同品种、不同日龄的鸡群应用是安全的，对鸡群生产性能无影响。不论是在本病安全区还是在疫区的鸡群免疫后均能获得满意效果。该疫苗的免疫程序一般是在鸡只25～30日龄时进行初次免疫，120日龄左右进行第

2次免疫，可保护整个产蛋期。仅在中鸡时进行免疫，免疫期为6个月。

（七）治疗

副鸡禽杆菌对磺胺类药物非常敏感，是治疗本病的首选药物。一般用复方新诺明或磺胺增效剂与其他磺胺类药物合用，或用2~3种磺胺类药物组成的联磺制剂均能取得较明显效果。亦可用拜菌安进行治疗，一般3~4天治愈，具体使用时应参照药物说明书。如若鸡群食欲下降，经饲料给药血液中药物达不到有效浓度，治疗效果差，此时可考虑采取注射抗生素的办法同样可取得满意效果。一般选用链霉素或青霉素、链霉素合并应用，红霉素、土霉素及喹诺酮类药物也是常用治疗药物。总之，磺胺类药物和抗生素均可用于治疗本病，关键是给药方法能否保证鸡群每天摄入足够的药物剂量，这是值得注意的问题。

六、禽结核病

禽结核病（avian tuberculosis）是由禽分枝杆菌（*Mycobacterium avium*）引起的一种慢性接触性传染病。本病的特征是慢性经过，渐进性消瘦、贫血、产蛋量减少或不产蛋。剖检时，可见各组织器官，尤其是肝脏、脾脏和肠道形成结核结节。本病在国内外都有报道。本病在养禽场暴发时，多呈慢性，生长发育和生产性能受到影响，产蛋下降，发生死亡，可造成严重的经济损失。但由于饲养方式不同，主要是饲养日期较短，肉鸡、填鸭等很快就被屠宰，较少被发现；种禽饲养时间虽然长些，但污染面不大，发病率较低。

（一）病原学

本病的病原是禽分枝杆菌，其特点是细菌短小，具有多型性。本菌细长、正直或略带弯曲，有时呈杆状、球菌状或链球状等。

革兰氏阳性菌，有耐酸染色的特性，用Ziehl-Neelsen氏染色法染色时，禽分枝杆菌呈红色，而其他一些非分枝杆菌染成蓝色，这种染色特性，可用于本病的诊断。

分枝杆菌表面含有多量类脂和蜡质成分，对外界环境的抵抗力较强，特别是对干燥环境的抵抗力最强。其分泌物中的细菌，在干燥环境中可存活6～8个月。

（二）流行病学

禽分枝杆菌主要侵害家禽和鸟类。各品种的不同年龄段的家禽都可以感染，因为禽结核病的病程发展缓慢，早期无明显的临床症状，故在老龄禽中，特别是淘汰、屠宰的禽中发现多。

病禽是主要传染来源，病禽肠道的溃疡性病变和肝、胆的结核病变排菌，通过粪便排出大量结核分枝杆菌，呼吸道分泌物也可能排菌，排出的病菌污染饲料、饮水、禽舍、土壤、垫草和环境等，被健康的鸡、鸭、鹅等采食后，主要经消化道感染，也可由吸入带菌的尘埃经呼吸道感染。

病鸡肺空洞形成，气管和肠道的溃疡性结核病变，可排出大量禽分枝杆菌，是结核病的第一传播来源。排泄物中的分枝杆菌污染周围环境，如土壤、垫草、用具、禽舍以及饲料、水，被健康鸡摄食后，即可发生感染。卵巢和产道的结核病变，也可使鸡蛋带菌，因此，在本病传播上也有一定作用。

（三）临床症状

病鸡精神沉郁，食欲正常，但体重减轻；消瘦，胸肌萎缩，胸骨变形，体形变小，鸡冠、肉垂和耳垂褪色萎缩；病鸡常下痢，有的瘫痪。人工感染的鸡出现可见的临床症状，要在感染2～3周以后；自然感染的鸡，开始感染的时间不好确定，故结核病的潜伏期就不能确定，但多数人认为在2个月以上。

本病的病情发展很慢，早期感染看不到明显的症状。待病情进一步发展，可见到病鸡不活泼，易疲劳，精神沉郁。虽然食欲正常，但病鸡出现明显的进行性的体重减轻。全身肌肉萎缩，胸肌最明显，胸骨突出，变形如刀，脂肪消失。病鸡羽毛粗糙，蓬松零乱，鸡冠、肉髯苍白，严重贫血。病鸡的体温正常或偏高。若有肠结核或有肠道溃疡病变，可见到粪便稀，或明显的下痢，或时好时坏，长期消瘦，最后衰竭而死。

患有关节炎或骨髓结核的病鸡，可见有跛行，一侧翅膀下垂。肝脏受到侵害时，可见有黄疸。脑膜结核可见有呕吐、兴奋、抑制等神经症状。淋巴结肿大，可用手触摸到。肺结核病时病禽咳嗽、呼吸粗、次数增加。

（四）病理变化

病鸡肝肿大，有粟粒至大豆大的黄白色结核结节，有的融合成大结节。脾肿大数倍，散发多数黄白色硬实结节。小肠、盲肠、肺、骨等组织器官均可见结核结节。病变的主要特征是在内脏器官，如肺、脾、肝、肠上出现不规则的、浅灰黄色、从针尖大小到1厘米大小的结核结节，将结核结节切开，可见结核外面包裹了一层纤维组织性的包膜，内有黄白色干酪样坏死，通常不发生钙化。有的可见胫骨骨髓结核结节。多个发展程度不同的结节，融合成一个大结节，在外观上呈瘤样轮廓，其表面常有较小的结节，进一步发展，变为中心呈干酪样坏死，外有包膜。可取中心坏死与边缘组织交界处的材料，制成涂片，能发现抗酸性染色的细菌，或经病原微生物分离和鉴定，即可确诊本病。

结核病的组织学病变主要是形成结核结节。由于禽分枝杆菌对组织的原发性损害是产生轻微的变质性炎症，之后，在损害处周围组织充血和浆液性、浆液性纤维蛋白渗出性病变，在变质、渗出的同时或之后，就产生网状内皮组织细胞的增生，形成淋巴样细胞、上皮样细胞和朗罕氏多核巨细胞，因此在结节形成初期，中心有变质性炎症，其周围被渗出物浸润，而淋巴样细胞、上皮样细胞和巨

细胞则在外围部分。随着疾病的进一步发展，结核中心产生干酪样坏死，再恶化则增生的细胞也发生干酪化，结核结节也就增大。大多数结核结节的切片可见到抗酸性染色的杆菌。

（五）诊断鉴别

诊断本病的最简单、最方便又最特异的方法是尸体剖检，但某些细菌病、真菌病和肿瘤等，可出现部分与结核相似的肉眼病变。细菌病如禽伤寒、禽副伤寒、大肠杆菌病（肉芽肿）、禽霍乱、弯杆菌病等，盲肠肝炎，真菌病如曲霉菌病等。

鉴别要点可从以下几个方面考虑：A. 流行病学特点、症状、病理变化及防治。B. 尸体剖检及组织学检查。C. 病原学检查，包括寄生虫检查，本项检查十分重要，在已知的禽病中的其他疾病，没有抗酸染色特性的病原。D. 血清学检查。应用以上几个方面的知识和检查，综合分析，可作出诊断。

（六）综合防控

分枝杆菌对外界环境因素有很强的抵抗力，其在土壤中可生存并保持毒力达数年之久，一个感染结核病的鸡群即使是被全部淘汰，其场舍也可能成为一个长期的传染源。因此，消灭本病的最根本措施是建立无结核病鸡群。

（1）养禽场的鸡、鸭、鹅等发现结核病时，应及时进行处理。病死禽焚烧或掩埋。

（2）禽舍及环境进行彻底清扫和消毒。清除的粪便，堆积发酵，沤肥。如是地面饲养的水禽，需清除粪便，用氢氧化钠溶液消毒，如为泥土地面，应铲去表层土壤，消毒和更换新土；污染场地要想彻底清除病原是困难的，病原在土壤中保持毒力可达数年之久。

（3）如禽群不断出现结核病禽（如尸体剖检时见有结核病变），应将病禽和消瘦、产蛋少或不产蛋的老龄禽淘汰。因为这些禽（鸡）可能是患病禽（鸡），产蛋也少，老龄，从经济角度上考虑，也无多大饲养价值，将其全群淘汰更为有利。

（4）患结核病的蛋鸡群，在第1个产蛋高峰后，把鸡群中的全部鸡只淘汰，是最经济、最好的措施。因为老鸡产蛋少，病情严重得多，老鸡死亡也多，是最危险的传染源。

（5）必要时，用禽型结核菌素对种鸡进行变态反应或快速平板凝集反应检查，出现阳性反应的种鸡，应予淘汰，以清除传染源。

七、鸡葡萄球菌病

鸡葡萄球菌病（staphylococcosis in chickens）是由葡萄球菌引起的一种传染病，一般认为金黄色葡萄球菌是主要的致病菌，该病有多种类型，给养鸡业造成较大损失。临诊表现为急性败血症状、关节炎、雏鸡脐炎、皮肤（包括翼尖）坏死和骨膜炎等。雏鸡感染后多为急性败血病的症状和病理变化，中雏为急性或慢性，成年鸡多为慢性。雏鸡和中雏死亡率较高，是养鸡业中危害严重的疾病之一。

（一）病原学

典型的葡萄球菌为圆形或卵圆形，常单个、成对或葡萄状排列。在固体培养基上生长的细菌呈葡萄状，致病性菌株的菌体稍小，且各个菌体的排列和大小较为整齐。本菌易被碱性染料着色，革兰氏染色阳性。衰老、死亡或被中性的细胞吞噬的菌体为革兰氏阴性。无鞭毛，无荚膜，不产生芽孢。

葡萄球菌对理化因子的抵抗力较强：对干燥、热（50℃、30分钟）、9%氯化钠都有相当大的抵抗力；在干燥的脓汁或血液中可存活数月；反复冷冻30次仍能存活。置于70℃、21小时或80℃、30分钟条件下才能将其杀死，煮沸可迅速使它死亡。一般消毒药中，

以石炭酸的消毒效果较好，用3%～5%石炭酸10～15分钟、70%乙醇数分钟、0.1%升汞10～15分钟可杀死本菌。此外，0.3%过氧乙酸也有较好的消毒效果。

葡萄球菌对青霉素、金霉素、红霉素、新霉素、氯霉素、卡那霉素和庆大霉素敏感。近年来，由于广泛或滥用抗生素，耐药菌株不断增多，因此，在临诊用药前最好经过药敏试验，选用最敏感药物。

（二）流行病学

葡萄球菌能引起多种动物感染和疾病。动物对葡萄球菌的易感性，与表皮或黏膜创伤的有无、机体抵抗力的强弱、葡萄球菌污染的程度，以及动物所处的环境有密切关系。金黄色葡萄球菌在自然界分布很广，在土壤、空气、尘埃、水、饲料、地面、粪便、污水及物体表面均有本菌存在。

本病一年四季均可发生，以雨季、潮湿时节发生较多。鸡的品种与本病发生有一定关系，虽然肉鸡和蛋鸡都可发生，但在蛋鸡中以轻型鸡发生较多，如来航白鸡等，黄褐色蛋鸡的发生相对少些。但鸡的发病日龄较为明显，以40～60日龄的鸡发病最多。

鸡葡萄球菌病的流行具有以下特点：

（1）金黄色葡萄球菌可侵害各种禽，尤其是鸡和火鸡。任何年龄的鸡，甚至鸡胚都可感染。虽然4～6周龄的雏鸡对本菌极其敏感，但实际上发生在40～60日龄的中雏最多。

（2）金黄色葡萄球菌广泛分布在自然界的土壤、空气、水、饲料、物体表面及鸡的羽毛、皮肤、黏膜、肠道和粪便中。

（3）季节和品种对本病的发生无明显影响，平养和笼养都有发生，但以笼养居多。

（4）本病的主要传染途径是皮肤和黏膜的创伤，但也可能通过直接接触和空气传播，雏鸡通过脐带传播也是常见的传播途径。

（三）临床症状

本病可以呈急性或慢性发作，这取决于侵入鸡只血液中的细菌数量、毒力和卫生状况。

1. 急性败血型

病鸡出现全身症状，精神不振或沉郁，不爱跑动，常呆立一处或蹲伏，两翅下垂，缩颈，眼半闭呈嗜睡状。羽毛蓬松零乱，无光泽。病鸡饮、食欲减退或废绝。少部分病鸡下痢，排出灰白色或黄绿色稀粪。较为典型的症状是，捉住病鸡检查时，可见腹胸部（甚至波及嗉囊周围）、大腿内侧皮下浮肿，潴留数量不等的血样渗出液体，外观呈紫色或紫褐色，有波动感，局部羽毛脱落，或用手一摸即可脱掉。其中，有的病鸡可见自然破溃，流出茶色或紫红色液体，与周围羽毛粘连，局部污秽，有部分病鸡在头颈、翅膀背侧及腹面、翅尖、尾、脸、背及腿等不同部位的皮肤出现大小不等的出血、炎性坏死，局部干燥结癞，暗紫色，无毛；早期的病鸡，局部皮下湿润，呈暗紫红色，溶血，糜烂。以上表现是急性败血型葡萄球菌病常见的病症，多发生于中雏，病鸡在2～5天后死亡，快者1～2天呈急性死亡。

2. 关节炎型

病鸡可见到关节炎症状，多个关节炎性肿胀，特别以趾、跖关节肿大为多见，呈紫红或紫黑色，有的见破溃，并结成污黑色痂。有的出现趾瘤，脚底肿大；有的趾尖发生坏死，呈黑紫色，较干涩。发生关节炎的病鸡表现跛行，不喜站立和走动，多伏卧，一般仍有饮、食欲，多因采食困难，饥饱不均，病鸡逐渐消瘦，最后衰弱死亡，尤其在大群饲养时较为明显。此型病程多为10余天，有的病鸡趾端坏疽。

3. 脐带炎型

该病型为孵出不久雏鸡发生脐炎的一种葡萄球菌病病型，对雏鸡造成一定危害。由于某些原因，鸡胚及新出壳的雏鸡脐环闭合不

全，发生葡萄球菌感染后，即可引起脐炎。病鸡除一般病状外，可见腹部膨大，脐孔发炎肿大，局部呈黄红紫黑色，质稍硬，间有分泌物，饲养员常称其为"大肚脐"。脐炎病鸡可在出壳后2～5天死亡。

4. 眼型

除在败血型发生后期出现，也可单独出现。其临诊表现为上下眼睑肿胀，闭眼，有脓性分泌物黏附，用手拨开上下眼睑时，则见眼结膜红肿，眼内有大量分泌物，并见有肉芽肿。时间较久者，眼球下陷，后可见失明。有的见眼的眶下窦肿突。最后病鸡多因饥饿、被踩踏、衰竭死亡。眼型发病占总发病的30%左右。

（四）病理变化

1. 急性败血型

急性败血型肉眼可见的变化是胸部的病变，可见死鸡胸部、前腹部羽毛稀少或脱毛，皮肤呈紫黑色浮肿，有的自然破溃则局部沾污。剪开皮肤可见整个胸、腹部皮下充血、溶血，呈弥漫性紫红色或黑红色，积有大量胶冻样粉红色或黄红色水肿液，水肿可延至两腿内侧、后腹部，前达嗉囊周围，但以胸部居多。同时，胸腹部甚至腿内侧有散在出血斑点或条纹，特别是胸骨柄处肌肉有弥散性出血斑或出血条纹，病程久者还可见轻度坏死。肝脏肿大，淡紫红色，有花纹或驳斑样变化，小叶明显。在病程稍长的病例中，肝上还可见数量不等的白色坏死点。脾亦见肿大，紫红色，病程稍长者也有白色坏死点。腹腔脂肪、肌胃浆膜等处，有时可见紫红色水肿或出血。心包积液，呈黄红色半透明状。心冠状沟脂肪及心外膜偶见出血。有的病例还可见肠炎变化。腔上囊无明显变化。在发病过程中，也有少数病例，无明显眼观病变，但可分离出病原。

2. 关节炎型

该病型可见关节炎和滑膜炎。病鸡某些关节肿大，滑膜增厚，充血或出血，关节囊内有或多或少的浆液，或有浆性纤维素渗出物。病程较长的慢性病例，后期变成干酪样性坏死，甚至关节周围结缔组织增生及畸形。

3. 其他

幼雏以脐炎为主的病例，可见脐部肿大，呈紫红或紫黑色，有暗红色或黄红色液体，时间稍久则为脓性干酪样坏死物。肝有出血点。卵黄吸收不良，呈黄红或黑灰色，液体状或内混絮状物；病鸡体表不同部位见皮炎、坏死，甚至坏疽变化。

（五）综合防控

葡萄球菌病是一种环境性疾病，为预防本病的发生，主要是做好经常性的预防工作。

（1）防止发生外伤。创伤是造成发病的重要原因，因此，在鸡饲养过程中，尽量避免和消除使鸡发生外伤的诸多因素，如笼架结构要规范化，装备要配套、整齐，自己编造的笼网等要细致，防止铁丝等尖锐物品引起鸡皮肤损伤，从而堵截葡萄球菌的侵入和感染门户。

（2）做好皮肤外伤的消毒处理。在断喙、带翅号（或脚号）、剪趾及免疫刺种时，要做好消毒工作。除了发现外伤要及时处治外，还需针对可能发生的原因采取预防措施，如：为避免刺种免疫引起感染，可改为采用气雾免疫法或饮水免疫；鸡痘刺种时做好消毒工作；进行上述工作前后，采用添加药物进行预防；等等。

（3）适时接种鸡痘疫苗，预防鸡痘发生。实际观察表明，鸡痘的发生常是鸡群发生葡萄球菌病的重要因素，因此，平时做好鸡痘免疫是十分重要的。

（4）搞好鸡舍卫生及消毒工作。做好鸡舍、用具、环境的清洁卫生及消毒工作，这对减少环境中的含菌量、消除传染源、降低感染机会、防止本病的发生有十分重要的意义。

（5）加强饲养管理。喂给必需的营养物质，特别要供给足够的维生素和矿物质；禽舍内要适时通风、保持干燥；鸡群不宜过大，避免拥挤；有适当的光照；适时断喙；防止互啄现象。这样，

就可防止或减少啄伤的发生，并使鸡只有较强的体质和抗病力。

（6）做好孵化过程的卫生及消毒工作。要注意种卵、孵化器及孵化全过程的清洁卫生及消毒工作，防止工作人员（特别是雌雄鉴别人员）引发葡萄球菌污染，引起雏鸡感染或发病，甚至散播疫病。

（7）预防接种。发病较多的鸡场，为了控制该病的发生和蔓延，可用葡萄球菌多价苗给20日龄左右的雏鸡注射。

（六）治疗

一旦鸡群发病，要立即全群给药治疗，一般可使用以下药物治疗。

（1）庆大霉素。如果发病鸡数不多，可用硫酸庆大霉素针剂，按每只鸡每千克体重3 000～5 000单位肌内注射，每日2次，连用3天。

（2）卡那霉素。硫酸卡那霉素针剂，按每只鸡每千克体重1 000～1 500单位肌内注射，每日2次，连用3天。

（3）磺胺类药物。磺胺嘧啶、磺胺二甲基嘧啶按0.5%比例加入饲料喂服，连用3～5天；也可用其钠盐，按0.1%～0.2%浓度溶于水中，供饮用2～3天。磺胺-5-甲氧嘧啶或磺胺-6-甲氧嘧啶按0.3%～0.5%浓度拌料，喂服3～5天。0.1%磺胺喹恶啉拌料喂服3～5天。或用磺胺增效剂（TMP）与磺胺类药物按1∶5混合，以0.02%浓度混料喂服，连用3～5天。

八、鸡链球菌病

鸡链球菌病（avian streptococcosis）是鸡的一种急性败血性或慢性传染病。雏鸡和成年鸡均可感染，多呈地方流行。病的特征是昏睡，持续性下痢，跛行和瘫痪，或有神经症状。剖检可见皮下组织及全身浆膜水肿、出血，实质器官如肝、脾、心、肾肿大，有点状坏死。该病在我国的鸡、鸭、鹅、鸽有发病的报告，引起了相当数量的病禽死亡，造成了较大的经济损失。

（一）病原学

引起鸡链球菌病的病原为鸡链球菌，通常为兰氏（Lancefield）血清群C群和D群的链球菌引起，不形成芽孢，不能运动，呈单个、成对或短链存在。本菌为兼性厌氧菌，在普通培养基上生长不良，在含鲜血或血清的培养基上生长较好；最适生长温度为37℃，pH7.4～7.6；在血液琼脂培养基上，生长成无色透明、圆形、光滑、隆起的露滴状小菌落。

（二）流行病学

家禽中鸡、鸭、火鸡、鸽和鹅均对本病有易感性，其中以鸡最敏感。各种日龄的禽都可感染。兽疫链球菌主要感染成年鸡，粪链球菌对各种年龄段的禽均有致病性，但多侵害幼龄鸡。传播途径：通过病禽和带菌禽排出病原，污染养禽环境，通过消化道或呼吸道感染；还可经皮肤和黏膜伤口感染，特别是笼养鸡多发；孵化用蛋被粪便污染，经蛋壳污染感染胚胎，可造成晚期胚胎死亡及孵出弱雏，或成为带菌雏。

本病的发生往往与一定的应激因素有关，如气候变化，温度降低等。本病多发生在禽舍卫生条件差，阴暗、潮湿、空气混浊的禽群。本病发生无明显的季节性，一般为散发或地方流行。本病发病率有差异，死亡率多在10%～20%或以上。

（三）临床症状

根据病鸡的临床表现，本病分为急性和慢性两种病型。

（1）急性型。该型主要表现为败血症病状。突然发病，病禽精神委顿，嗜眠或昏睡状，食欲下降或废绝，羽毛松乱，无光泽，鸡冠和肉髯发紫或变苍白，有时还见肉髯肿大。病鸡腹泻，排出淡黄色或灰绿色稀粪。成年禽产蛋下降或停止。急性型病程为1～5天。

（2）慢性型。该型主要表现为病程较缓慢，病禽精神差，食欲减退，嗜眠，重者昏睡，喜蹲伏，头藏于翅下或背部羽毛中；体重下降，消瘦，跛行，头部震颤，或仰于背部，嘴朝天，部分病鸡腿部轻瘫，站不起来。有的病鸡发生眼炎和角膜炎。眼结膜发炎，肿胀、流泪，有纤维蛋白性炎，上覆一层纤维蛋白膜，重者可造成失明。

（四）病理变化

病鸡剖检主要呈现败血症变化。皮下、浆膜及肌肉水肿，心包内及腹腔有浆液性、出血性或浆液纤维素性渗出物。心冠状沟及心外膜出血。肝脏肿大，淤血，呈暗紫色，见出血点和坏死点，有时见有肝周炎；脾脏肿大，呈圆球状，或有出血和坏死；肺淤血或水肿；有的病例喉头有干酪样粟粒大小坏死，气管和支气管黏膜充血，表面有黏性分泌物；肾肿大；有的病例发生气囊炎，气囊混浊、增厚；有的见肌肉出血；多数病例见有卵黄性腹膜炎及卡他性肠炎；少数病例腺胃出血或肌胃角质膜糜烂。

慢性病例，主要是纤维素性关节炎、腱鞘炎、输卵管炎和卵黄性腹膜炎、纤维素性心包炎、肝周炎，实质器官（肝、脾、心肌）发生炎症、变性或梗死。

（五）诊断

发生本病的病鸡，在发病特点、临诊症状和病理变化方面，与多种疫病相似，与沙门氏菌病、大肠杆菌性败血症、鸡葡萄球菌病、禽霍乱等易混淆。因此，本病的发生特点、临床症状和病理变化只能作为疑似的依据，要进行确诊时，必须依靠细菌的分离与鉴定。

（1）大肠杆菌病。症状与病变多样性（雏鸡脑炎、卵黄性腹膜炎、气囊炎、关节炎、眼炎、大肠杆菌肉芽肿、败血症等），镜检可见革兰氏阴性、无芽孢、有周身鞭毛、两端钝圆的小杆菌。

（2）禽副伤寒。病鸡饮水增加，排白色水样粪便，怕冷喜近热源。剖检可见肝、脾、肾有条纹状出血斑或针尖大小坏死灶，小肠出血性炎症，镜检可看到革兰氏阴性、两端稍圆的细长杆菌。

（3）鸡葡萄球菌病。外伤感染明显，跛行（跗、跖关节炎），胸腹部皮下有多量紫黑色血样渗出液或紫红色胶冻物，镜检可见葡萄串状堆集的革兰氏阳性球菌。

（4）禽霍乱。病鸡鸡冠、肉髯呈暗紫色；剖检可见心冠脂肪及心外膜出血，肝脏表面有大量灰白色小坏死点。镜检见有革兰氏阴性、两极着色的圆形小杆菌。

（六）综合防控

链球菌在自然环境中、养鸡环境中和鸡体肠道内较为普遍存在。本病主要发生于饲养管理差、有应激因素或鸡群中有慢性传染病存在的养禽场。因此，本病的防治原则，主要是减少应激因素，预防和消除降低禽体抵抗力的疾病，改善饲养条件。做好饲养管理工作，供给营养丰富的饲料，精心饲养；保持禽舍的温度，注意空气流通，提高禽体的抗病能力。认真贯彻执行兽医卫生措施，保持鸡舍清洁、干燥，定期进行鸡舍及环境的消毒工作；勤捡蛋，粪便污染的蛋不能进行孵化；入孵前，孵化房及用具应清洗干净，并进行消毒；入孵蛋用甲醛液熏蒸消毒。对鸡舍及周围环境进行清理和消毒，带鸡消毒是常采用的有效措施。通过消毒工作，减少或消灭环境中的病原体，对减少发病和控制疫情有良好的作用，应作为一种防疫制度坚持执行。

（七）治疗

病鸡经确诊后，立即用药物进行治疗。本病使用青霉素、氨苄青霉素、氯霉素、新霉素、庆大霉素、卡那霉素、红霉素、诺氟沙星、呋喃唑酮、四环素、土霉素、金霉素等抗菌药物，都可能有好的治疗效果。近年来，各地养鸡场都广泛而持久地使用各种抗菌药物，因而，所分离的菌株对抗菌药物敏感性不尽相同，应进行药敏试验，选择敏感药物进行治疗，才可能获得良好的治疗效果。

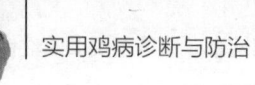
第五章　鸡群常见的其他微生物疾病

一、鸡支原体病

鸡支原体病是鸡毒支原体（MG）感染引起的鸡慢性呼吸道病、滑液囊支原体（MS）感染引起的传染性滑膜炎，以及火鸡支原体（MM）引起的支原体感染等一类疾病的通称。其中，鸡慢性呼吸道病最为常见。

（一）鸡毒支原体感染

该病又称鸡慢性呼吸道病，是由鸡毒支原体感染引起的一种接触传染性、慢性呼吸道疾病。其特征是病程长，病理变化发展慢，临床上主要表现为呼吸啰音、咳嗽、流鼻液及气囊炎等，是目前养鸡业中的一种常见病。鸡毒支原体还能感染火鸡，引起火鸡传染性窦炎。

1. 病原学

鸡毒支原体到目前为止只发现1个血清型，但各个分离株之间的致病性和抗原性存在差异，一般分离株主要侵犯呼吸道。鸡毒支原体具有一般支原体形态特征，分离培养中营养要求较高，培养基要求含有10%～15%的鸡、猪或马血清。鸡毒支原体对消毒药的抵抗力较弱，一般消毒药物均能将它迅速杀死，但对青霉素和低浓度的醋酸铊有抵抗力。

2. 流行病学

本病主要感染鸡和火鸡，鸡以4～8周龄最易感，临床多与大肠杆菌混合感染发病。火鸡5～16周龄易感。纯种鸡较杂交鸡严重，成年鸡常为隐性感染。本病可以通过水平传播和垂直传播两种方式进行传播。水平传播表现为病鸡通过咳嗽、喷嚏或排泄物污染空气，经呼吸道传染或通过饲料或水源由消化道传染，还能经交配传播。垂直传播主要是通过感染本病的种鸡所产的污染本病原的蛋传给后代，这种被污染的蛋孵化至4～21日龄可出现胚胎死亡或孵出弱雏，这种弱雏因带病原体又能引起水平传播。本病一年四季都可发生，但在寒冷季节较为多发，鸡群过分拥挤、鸡舍潮湿、通风不良、存在其他疾病，以及存在应激因素，如雏鸡断喙、长途运输、免疫接种等，均可促使或加剧本病的发生和流行。

3. 临床症状

感染鸡最常见的症状是呼吸道症状，症状的严重程度不一，并可持续数周。幼龄鸡发病，症状比较典型，且比大龄鸡严重，表现为咳嗽、喘气、喷嚏、流鼻涕、鼻孔堵塞、频频摇头，还见有鼻窦炎、结膜炎和气囊炎，眼有分泌物（眼屎），当炎症蔓延至下呼吸道时，则喘气和咳嗽更为显著，可听见呼吸道啰音和咔嗒声；病鸡食欲不振，生长停滞，肉鸡饲料报酬和鸡的生长速度下降，如果无并发大肠杆菌性气囊炎，死亡率较低；产蛋鸡表现为产蛋率和饲料报酬降低，种蛋孵化率下降，鸡胚死亡率增加，出壳雏鸡活力降低。

4. 病理变化

病死鸡消瘦，病变主要表现为鼻道、副鼻道、气管、支气管和气囊的卡他性炎症，鼻黏膜充血、水肿、增厚，鼻旁窦内有黏液性、脓性、干酪样渗出物，气囊壁增厚、混浊，有干酪样渗出物或增生的结节状病灶。严重病例可见纤维素性肝周炎和心包炎。患角膜结膜炎的鸡，眼睑水肿，炎症蔓延可造成一侧或两侧眼球破坏。

5. 诊断

根据本病的流行特点、临床表现和病理变化可作出初步诊断。确诊需要依靠实验室诊断，包括病原分离培养和血清学诊断。

（1）病原分离培养。病料可用气管或气囊的渗出液、鼻甲

骨、肺的悬浮液或鼻窦的渗出液，活体可采集鸡气管拭子，病料均可直接培养于含10%～15%马或猪血清的Frey氏培养基，加入青霉素（2 000单位/升培养基）和醋酸铊（1：4 000），37℃培养，每隔3～5天传代一次，连续传代2～3次，然后进行细菌形态、染色及生化鉴定。鸡毒支原体也能在7日龄鸡胚卵黄囊内繁殖，接种后5～7天鸡胚死亡。连续传代则鸡胚死亡更为规律，病变也更为明显。典型病变是鸡胚萎缩，全身性水肿，肝坏死和脾肿大。

（2）血清学诊断。常用的方法包括血清平板凝集试验、血凝抑制试验和酶联免疫吸附试验等。其中，血清平板凝集试验是常用于鸡群支原体病的监测手段。鸡毒支原体能凝集鸡的红细胞，故可用血凝试验及血凝抑制试验区分致病性和非致病性支原体。

（3）鉴别诊断。本病与鸡传染性支气管炎、鸡传染性喉气管炎、温和型新城疫、鸡大肠杆菌病、鸡传染性鼻炎、霉菌性肺炎、维生素A缺乏症等病容易混淆，需要进行鉴别诊断。

6. 综合防控

加强平时的饲养管理，消除引起鸡抵抗力下降的一切因素，改善饲料营养，增强鸡的抵抗力。最好采用"全进全出"的管理制度，从无鸡毒支原体的种禽场引进雏鸡。后备鸡群经常进行血清学检测，淘汰鸡毒支原体感染鸡，培育无鸡毒支原体种鸡群。鸡舍及环境严格消毒，建立健全良好的管理及卫生制度，做好新城疫、传染性法氏囊病、鸡传染性支气管炎等传染病的免疫接种工作等，均有利于控制本病。

采用鸡毒支原体弱毒疫苗或灭活疫苗免疫接种，对于预防和控制鸡毒支原体感染具有重要意义。常用鸡毒支原体弱毒疫苗有6/85株、F株和Ts-11株疫苗，其中6/85株和Ts-11株因免疫效果好、无副作用，因而在欧美发达国家广泛使用。灭活疫苗为油乳剂，可用于幼龄鸡和母鸡。需注意在使用鸡毒支原体弱毒疫苗前后1～2周内，应停止使用抗生素。

使用链霉素、土霉素、四环素、红霉素、泰乐菌素等抗生素治疗本病都有一定疗效。服用泰乐菌素、壮观霉素、链霉素和四环数族等抗生素治疗可降低死亡率和减轻症状，注射抗生素效果更好，但停药后可能复发，因此，应考虑几种药物轮换使用。长期使用药物预防和治疗本病，可致鸡毒支原体耐药性菌株的出现，给本病的控制带来困难。

（二）滑液囊支原体感染

本病最常见的是亚临床型的上呼吸道感染，有时可引起全身感染而导致传染性滑膜炎，这是鸡和火鸡的一种急性到慢性的传染病，主要侵害关节的滑液囊膜和腱鞘，引起渗出性滑膜炎、腱鞘滑膜炎及黏液囊炎。

1. 病原学

滑液囊支原体只有一个血清型，具有一般支原体特征，在体外培养时，培养基内必须加入烟酰胺腺嘌呤二核苷酸（辅酶Ⅰ）。滑液囊支原体不耐热，室温条件下，羽毛上的支原体至多可存活3天，而在鼻腔内至多可存活12小时。

2. 流行病学

本病主要感染鸡、火鸡和珍珠鸡，鸭、鹅、鸽、日本鹌鹑和红腿鹧鸪等也可自然感染。本病主要发生于4～16周龄的鸡和10～24周龄的火鸡，急性感染偶见于成年鸡，急性感染期之后出现的慢性感染可持续终生。本病可以水平传播，也可以垂直传播。水平传播主要是通过空气从呼吸道传播，通常感染可达100%。垂直传播通过污染本病原的种蛋，被感染的雏鸡可在雏鸡中传播疾病。种母鸡感染之后，通过生殖道排毒长达14～40天。

3. 临床症状

病鸡鸡冠苍白，行走困难、跛行，步态呈八字或踩高跷状，食欲减退，生长迟缓，肉垂水肿，有时发生腹泻，关节肿胀。最常见的感染部位是跗关节和爪垫，有些鸡大部分关节都会受到侵害，也有些鸡有全身性感染而无明显的关节肿胀。经呼吸道感染的鸡可在

4～6天出现轻度气管啰音，也可能没有症状。成年病鸡产蛋量可下降20%～30%。本病的发病率为5%～15%，死亡率为10%。火鸡的症状与鸡基本相同，最明显的症状是跛行，病禽有一个或多个关节发热和肿胀。

4. 病理变化

病鸡病变关节的滑膜、滑液囊和腱鞘可见到多量炎性渗出物，早期为清亮并逐渐混浊，以后变成干酪样渗出物，有时关节软骨出现糜烂。慢性病例病变关节的表面常呈橘黄色。病鸡的肝和脾脏肿大；肾脏肿大，苍白，斑驳状；随着病情的发展，在腱鞘、关节，甚至肌肉和气囊中可出现干酪样渗出物。

5. 综合防控

本病的防治措施与鸡毒支原体感染相似，必须采取有效的综合防疫措施，防止病原传入。有计划地进行禽群检疫，彻底淘汰阳性禽，逐步净化禽群，培育没有本病的禽群极为重要。也可以选择从没有本病的禽场引进种禽和商品禽。对孵化种蛋进行药物处理或加热处理，消灭鸡蛋里的支原体，对于已污染本病原的种禽场是一种有效降低致病率的方法。本病已经有商品化的油乳剂灭活菌苗，可通过免疫接种提高鸡群的免疫力。

6. 治疗

目前，多种抗生素对本病都有疗效，包括四环素、土霉素、诺氟沙星、恩诺沙星、林可霉素及泰乐菌素等，可以添加在饲料中饲喂，以降低发病鸡群的死亡率。

二、鸡衣原体病

鸡衣原体病（chlamydiosis），又称为鹦鹉热、鸟疫，是由鹦鹉热衣原体引起的畜禽共患的传染病。鸡衣原体病主要表现为嗜睡、高热、眼鼻分泌物增多、腹泻、产蛋量下降等，死亡率可达30%。

（一）病原学

鹦鹉热衣原体是一种专性细胞内寄生菌，属衣原体目衣原体科衣原体属。目前存在对禽致病力不同的两大类：一类是引起急性暴发的强毒株，可致禽类急性发病、死亡，机体内重要器官广泛充血、出血和炎症变化，死亡率为5%～30%；另一类为缓慢流行的低毒力株（弱毒株），临床症状不明显，也没有严重血管损伤，若无继发细菌或寄生虫感染，死亡率低于5%。

（二）流行病学

本病可感染多种家禽和鸟类，但不同种禽类易感性不同，成鸡对鹦鹉热衣原体引起的疾病具有较强的抵抗力，只有雏鸡发生急性感染时出现死亡，真正发生流行的情况很少，一般症状不明显，多为一过性。我国发生衣原体病的报道主要见于鸭、鸽、虎皮鹦鹉及鹌鹑等。病禽和带菌禽是本病的主要传染源，传染途径为呼吸道传播，受感染后一般呈隐性感染状态，只有应激或抵抗力下降时方引起发病。

（三）临床症状

病禽感染后食欲减退，体温升高，精神不振，羽毛松乱，眼流泪，结膜潮红，眼周有大量分泌物玷污羽毛。鼻黏膜潮红，鼻腔充满黏稠脓性分泌物。颜面水肿，呼吸困难，腹泻，排黄绿色或白色稀粪，雏鸡严重感染时，可引起大批死亡。蛋鸡严重感染时产蛋量下降，产蛋功能降低，不出现产蛋高峰，一般产蛋量可降低40%～50%。腹部明显增大、下垂，用手触压有波动感，死淘率达30%以上。

（四）病理变化

火鸡肺脏广泛充血，胸腔内有纤维素性渗出物。心脏肥大，心包膜增厚，有灰白色纤维素或黄色厚层蛋黄样物蓄积。肝脏肿大，色变淡，表面覆盖纤维素性渗出物。气囊增厚。脾脏肿大，有灰白色坏死点。雏鸡呈现纤维素性心包炎、肝周炎、气囊炎、纤维素性腹膜炎、肝脏及脾脏肿大，并见坏死点。蛋鸡卵巢系膜水肿、出血、卵泡充血、出血、卵黄稀薄或呈水样。输卵管系膜增厚，有小的囊泡形成，内含白色混浊液体。输卵管漏斗部（伞部）增粗，壁变薄，内含大量白色混浊液体，有时管壁上出现小囊泡，内含灰白色混浊液体，其中含有大量衣原体。

（五）诊断

临床症状为雏鸡急性感染，死亡率高，出现结膜炎、肺炎，呼吸困难，排黄绿色稀粪；成年鸡临床症状不明显，仅产蛋量下降。病理变化为成年鸡出现输卵管炎、输卵管囊肿，以伞部最明显。根据以上可以作出初步诊断，确诊需要依靠实验室诊断。

（1）病原学检查。无菌采取肝脏、气囊、脾脏、心包、心肌。活鸡可采取粪便或泄殖腔内容物，发热期的病鸡可采取血液、结膜分泌物或腹水，做涂片或触片，自然干燥，吉姆萨染色，镜检。细胞内包涵体中的原生小体为深紫色。也可将上述采集的病料经处理后接种于6日龄鸡胚卵黄囊，感染后3～10天出现死亡，主要病变为卵黄囊血管充血。取死胚卵黄囊触片，吉姆萨染色，可见原生小体呈红或紫红色，网状体呈蓝绿色。只有包涵体中的原生小体具有诊断意义。

（2）血清学试验。补体结合试验，一般抗体滴度大于或等于1：64时，表明已经或正在发生感染。

（六）综合防控

目前，鸡衣原体病还没有可靠的商品化疫苗，为了有效防治衣原体病，应采取综合措施，严格执行防疫制度。加强禽畜的检疫，特别是杜绝引入传染源。保持禽舍和畜栏的卫生清洁，做好消毒工作。严格禁止野鸟和野生动物进入禽舍，注意控制禽舍内人员流动。由于本病可感染人，因此处理病、死鸡时要注意安全防护。

发生本病时，可用青霉素、四环素、红霉素、多西环素等抗生素治疗。将四环素族抗生素混入饲料中，饲料中的含量为1%，连用1～2周，可降低发病鸡群的死亡率。

三、鸡念珠菌病

鸡念珠菌病（avian candidiasis）又称白色念珠菌病、霉菌性口炎、消化道真菌病，俗称鹅口疮、软嗉症，是由白色念珠菌引起鸡上消化道感染的一种真菌性疾病，以软嗉囊症和酸臭气味、上消化道黏膜发生白色假膜和溃疡为特征。

（一）病原学

白色念珠菌属念珠菌，类酵母分生孢子，常为卵圆形并有假菌丝，在培养基上长出白色菌落。白色念珠菌在自然界广泛存在，在土壤中可长期存活，各地不同禽类分离的菌株其生化特性有较大差别。该菌对外界环境及消毒药有很强的抵抗力，3%～5%来苏儿溶液可用于鸡舍、垫料的消毒。

（二）流行病学

幼龄鸡是主要易感动物，其易感性高于成年鸡，且发病率和病死率也高。火鸡、鸽、鸭、鹅等也可感染发病。本病多发生在夏秋炎热多雨季节。病鸡和带菌鸡是主要传染源，通过分泌物、排泄物

污染饲料、饮水和环境，经消化道传染。但鸡舍环境卫生状况差，饲料单纯和营养不足，长期应用广谱抗生素或皮质类固醇，以及其他疫病导致机体抵抗力降低等，都可促使本病发生。本病也可通过蛋壳传染。

（三）临床症状

病鸡精神不振，食欲减退或停食，喜饮水，全身消瘦，羽毛粗乱，消化障碍，发育不良。嗉囊积食、胀满、触摸松软，挤压时有痛感，并有酸臭气体自口中排出。严重病例则表现为呼吸急促、下痢，粪便呈灰白色，脱水衰竭而死亡，病程约为1周。成鸡也可感染，表现为食欲不振、多饮水、嗉囊肿大松弛、鸡冠变暗、羽毛松乱、逐渐消瘦、精神萎靡，如继发其他疾病则可见死亡。

（四）病理变化

病变主要见于上消化道，可见喙缘结痂，口腔、咽和食管有豆腐渣样假膜和溃疡。嗉囊壁增厚，皱褶增多，被覆一层白色不透明的假膜性坏死物，易刮落。假膜下可见坏死和溃疡。有的肌胃角膜层难剥离，在角膜下层有斑点溃疡，少数病鸡可见胃黏膜肿胀、出血和溃疡，颈胸部皮下形成肉芽肿，其余肝、脾、肠等无肉眼可见的病变。

（五）诊断

根据病史、流行病学特点、典型的症状和特征性病变可以作出诊断，确诊需取病变渗出物抹片检查酵母状的菌体和菌丝，或进行霉菌的分离和鉴定。

（六）综合防控

预防本病，关键在于创造良好的卫生条件。不喂发霉变质的饲料，饲养密度要合理，禽舍要通风良好。禽场应认真贯彻兽医综合防治措施，加强饲养管理，减少应激因素对禽群的干扰，做好防病工作，提高禽群抗病能力。特别应注意的是防止饲料霉变，不用发霉变质饲料。引水器、料槽、笼具等要经常消毒，以减少各种病原菌的侵袭，不同日龄禽群不要混养。大群治疗在饮水中添加0.07%硫酸铜，连服1周；制霉菌素按每千克饲料加入50～100毫克，连用1～3周。投服制霉菌素时，适量补给复合维生素B，可提高治疗效果。个体治疗可将病禽口腔假膜刮去，涂上碘甘油，并灌2%硼酸水3～5毫升，每天1次，连用3～6天，对嗉囊病变有一定治疗作用。常用硫酸铜2 000倍液饮水或于饮水中添加0.07%硫酸铜，连服1周。也可于饲料中添加制霉菌素50～100毫克/千克饲料，连喂1～3周；或以制霉菌素每只鸡20毫克/次，每天2次，连喂7天。使用制霉菌素时，需适量补充复合维生素B，对大群防治有一定效果。

四、鸡曲霉菌病

鸡曲霉菌病（avian aspergillosis）又称真菌性肺炎、曲霉菌性肺炎或育雏室肺炎，是由曲霉菌属真菌及其孢子感染鸡所引起的一种真菌性传染病，主要侵害呼吸器官，以肺及气囊发生炎症和小结节为主要特征。根据病程，该病分为急性和慢性两类。急性曲霉菌病的特点是通常在幼禽中严重暴发，发病率和死亡率都很高。慢性曲霉菌病主要发生于成年种禽，多为散发。该病在世界各地广泛流行。

（一）病原学

引起禽曲霉菌病的两个主要病原为曲霉菌属中的烟曲霉和黄曲霉。其中，烟曲霉的致病力最强，另外，还有黑曲霉、土曲霉、灰绿曲霉等。曲霉菌分布广泛，常见于腐烂植物、土壤及谷粒饲料中。

烟曲霉菌对雏鸡具有强烈的致病性。雏鸡在被污染的环境中，1分钟即可被感染，2日龄雏鸡自然感染后第2天开始死亡，第23天则100%死亡。黄曲霉菌的孢子人工感染2日龄雏鸡，以1 000倍孢子量进行腹腔气囊感染，有90%的感染雏鸡死亡。

（二）流行病学

曲霉菌的孢子广泛存在于自然界，如土壤、草、饲料、谷物、养禽环境、动物体表等。霉菌孢子还可借助于空气流动而散播到较远的地方，在适宜的环境条件下，可大量生长繁殖，污染环境，禽类若吸入大量的曲霉菌孢子则会造成感染，引起传染发病。在自然条件下，鸡、鸭、鹅、火鸡、鹌鹑均可感染曲霉菌病。4～20日龄雏鸡易感性高，火鸡和鹌鹑比鸡更易感。随着日龄的增加，抵抗力也增加，成年禽类仅为散发。

本病的主要传播媒介是被曲霉菌污染的垫料和发霉的饲料。曲霉菌最易在豆饼、玉米、骨粉、鱼粉等饲料中生长繁殖。在配合饲料中，只要有一种成分发生轻微的霉变（混合后往往被其他成分掩盖，不易察觉），也足以使雏鸡致病。此外，在垫料、用具、饲槽、墙壁、麻袋、地面、孵化器，以至在蛋壳表面，都可有曲霉菌生长。特别在春夏之交的阴雨连绵季节，若育雏室内阴暗潮湿、通风不良、鸡群拥挤，则为曲霉菌生长创造了条件，易暴发该病。

鸡曲霉菌病的传播途径是呼吸道和消化道。孵化环境受到严重污染时，曲霉菌孢子容易穿过蛋壳侵入蛋内，使胚胎感染，造成胚胎死亡或雏鸡出壳后几天内出现症状而死亡。出壳的雏鸡也可在孵化环境中经呼吸道感染而发病。雏鸡日龄越小，病死率越高。尤其是在梅雨季节，由于湿度和温度比较高，很适合曲霉菌的生长繁殖，垫料和饲料很容易发霉。育雏室内通风换气不好，雏禽过分拥挤，加之阴暗潮湿，以及营养不良等都可促使本病的发生。

（三）临床症状

自然感染的潜伏期为2～7天。孵化器内种蛋感染可见气室发霉，除引起鸡胚死亡外，还可导致孵化场污染，结果使雏鸡出壳后极易感染本病。曲霉菌对鸡胚和幼雏具有强烈的致病性，雏鸡感染后常呈急性经过，病初精神不振，食欲减少或拒食，渴欲增加，羽毛蓬松，两翅下垂，不爱走动，喜呆立，对外界反应淡漠，嗜睡，病雏逐渐消瘦。随后，出现以呼吸道症状为特征的呼吸困难，头颈前伸，张口吸气，细听可闻气管啰音。有时也见病雏摇头，连续打喷嚏，呈现腹式呼吸。由于氧气供给不足，冠和肉髯颜色发紫。病程后期发生腹泻，此时病雏很快消瘦，精神委顿，闭目昏睡，最后窒息死亡。个别病雏出现神经症状，头向后仰，运动失调。有的病雏出现摇头甩鼻，打喷嚏。有的病雏出现眼结膜充血肿胀，眼睑下有干酪样凝块。后期还可出现下痢症状，最后倒地，头向后弯曲，昏睡死亡。病程长短不等，取决于曲霉菌感染的数量和病雏中毒的程度。急性病例的致死率50%～100%。

成年鸡感染多呈慢性经过，病死率较低，主要表现为：生长缓慢，发育不良，贫血，羽毛松乱、无光泽，病鸡不愿运动，病情严重时，呼吸困难，逐渐消瘦而死亡；产蛋鸡表现为产蛋减少或停止，病程可延至数日至数月。

（四）病理变化

病变主要局限于呼吸系统，感染鸡气囊和肺脏有炎症，肺充血，肺、气囊和胸腹膜上可见白色到黄色病斑或病变，严重者可见黄白色干酪样坏死肉芽肿结节。鼻道和气管、支气管卡他性炎症，也可见结节。有时腹腔可见黄绿色由真菌生长物构成的小结节。肝、肾肿大，表面有灰白色坏死灶和结节。腺胃胃壁增厚，乳头肿胀。

组织学变化见肺血管有不同程度的充血，早期病变特征为局部

淋巴细胞、巨噬细胞和少量巨细胞积聚，后期病变以增生和坏死为主，有大量肉芽肿形成，肉芽肿中心坏死、内含异噬细胞，周围有巨噬细胞、淋巴细胞及一些纤维组织。用美蓝染色，病灶的坏死区可见到曲霉菌的孢子和不规则的菌丝团。部分病例见肝细胞肿胀、坏死。肾间质静脉淤血，肾小管上皮细胞肿胀和坏死。

（五）诊断

由于该病的发生和饲料、环境中有无曲霉菌生长有密切的关系，因此，诊断该病最好应到现场调查、察看，了解鸡群有无接触发霉垫料和被喂给霉败饲料。结合流行特点和病变，一般即可作出诊断。确诊还须进行病原分离鉴定。

（1）直接镜检。通常采取肺病变部位曲霉菌结节病灶，置于载玻片上，加1滴生理盐水或加15%～20%氢氧化钾（氢氧化钠）少许，浸泡，将材料分离，盖上盖玻片检查。在火焰上缓缓加热后，可检查渗出物是否有菌丝。如果标本过厚，可置湿盒中孵育12～24小时后重检。为了使菌丝清晰可见，氢氧化钾液可与墨汁染液混合。曲霉菌菌丝用墨汁染料染色后呈蓝色，有隔膜，直径4～24微米，菌丝互不相连，通常平行排列。

（2）分离培养。无菌采取一片肺结节部组织，直接涂布于适宜的真菌培养基上，如沙保弱氏培养基，也可把样品放入生理盐水中，用组织捣碎机捣碎后划线接种于培养基表面。接种后的培养基于25～37℃下培养7天，每天观察菌落生长情况，并根据它们的特征进行鉴别。

（3）鉴别诊断。曲霉菌病因呼吸系统受侵害而引起呼吸道症状，在发病日龄和临床症状上与雏鸡白痢和鸡慢性呼吸道病极为相似，因此，应注意与这两种传染病相区别。

（六）综合防控

不使用发霉的垫料和饲料是预防本病的关键措施。注意鸡舍的消毒、通风，垫料要经常更换，尤其在梅雨季节，防止曲霉菌生长繁殖，以免污染环境而引起该病的传播。搞好鸡舍、孵化器、育雏室及周围环境的消毒卫生（可用甲醛溶液熏蒸或0.5%过氧乙酸消毒）工作，保持鸡舍干燥，维持良好通风，减少育雏室及鸡舍空气中的曲霉菌孢子数量。经常翻晒和更换垫料，定期清洗料槽和水槽。高温高湿季节应注意防潮，并及时扩栏，降低饲养密度。不使用发霉垫料，进鸡前用抗霉菌剂处理禽舍和新垫料。加强饲料管理，不使用霉变饲料，少喂勤添料，以防高温季节槽内剩料或溅到槽外的料发霉变质。增加捡蛋次数，减少种蛋破损和污染，注意种蛋消毒。种鸡场污染可用0.5%过氧乙酸带鸡消毒，或给种鸡内服制霉菌素，并辅以维生素C治疗。霉菌污染的鸡舍可于清洁后用5%石炭酸或20%石灰水消毒后再进鸡。

（七）治疗

目前尚无有效治疗药物。发现病鸡应及时移出淘汰，并查明原因，迅速排除病因，鸡舍及用具等彻底消毒，尽可能避免蔓延扩大。病鸡采用制霉菌素按每100只雏鸡用50万单位/次，每天2次，连用2天，具有一定疗效。另外，每100只雏鸡用1克克霉唑拌料给药，或于饮水中添加硫酸铜（1∶2 000倍稀释），连喂3～5天，也有一定效果。

五、鸡螺旋体病

鸡螺旋体病（avian Sporillosis，AIS）是由鸡疏螺旋体引起的一种急性败血性传染病，其主要特征为病鸡高热、贫血、黄疸、肝脏肿大及内脏出血。

（一）病原

本病的病原体是鹅包柔氏螺旋体（borrelia anserina），又称鹅疏螺旋体，或鸡疏螺旋体。鹅包柔氏螺旋体是螺旋体科疏螺旋体属的一员，呈螺旋弯曲，疏松不规则排列成5～8个螺旋，易着染，厌氧，能运动，属寄生菌，病原存在于血液中。

（二）流行病学

本病多见于热带和亚热带蜱繁殖地区，多呈跳跃式流行，每年的六七月前后多发。本病由蜱和吸血昆虫叮咬传播，蜱还可通过卵将本菌垂直传递给后代。鸡螨和鸡虱则能机械传播。除鸡外，火鸡、鹅、鸭、麻雀和乌鸦等均有自然感染性。病鸡康复后具有免疫力，其子代获得的被动免疫力可持续数周。不同日龄的鸡均易感，老龄鸡有较强的抵抗力。饲料中缺乏维生素的幼龄鸡多易患病，死亡率也高。

（三）临床症状

本病的潜伏期为5～9天。感染鸡表现为突然发病，体温升高至43℃以上，精神沉郁，羽毛松乱，呆立，头下垂，闭目嗜睡；食欲不振或废绝，渴欲增加，排出带有浆液性包层的绿色粪便，粪便中有白色块状物；鸡冠在病初保持红润，后期出现贫血和黄疸，或苍白松弛。

本病按其病程发展和临床症状可分为急性型、亚急性型和一过型。

（1）急性型。急性型发病来势凶猛，在体温升高的同时血液中出现大量螺旋体，体温下降则虫体减少或消失，随病程（3～5天）的发展可出现腹泻而突然死亡。

（2）亚急性型。此型病鸡最为多见，体温呈弛张热，随着体温的升高，血液中连续数日出现螺旋体。病程可持续2周以上，不予治疗死亡率也比较高。

（3）一过型。此型病鸡比较少见，在轻微出现上述症状后1～2天，体温下降，血液内螺旋体消失，病情好转，不予治疗可自行痊愈。

（四）病理变化

急性病鸡内脏器官出血、黄疸，血液稀薄呈咖啡色。脾脏肿大，因瘀斑性出血而呈斑点状，切面呈"槟榔"样外观。肝肿大，表面有出血点和白色坏死点。肾脏肿大苍白，肠道可见卡他性或坏死性肠炎变化。亚急性病鸡的变化与之相似，但肝、脾的损害不如上述变化显著和典型。

（五）诊断

根据临床症状、剖检病变和实验诊断可以确诊。取病鸡血、肝、脾等制作湿片，在暗视野镜下观察，见到螺旋体即可确诊。还可取病料接种于鸡胚尿囊腔，2～3天后在尿囊腔中可看到病原体。

（六）综合防控

为预防本病，在流行地区需实行防蚊、灭蜱及消灭鸡螨和鸡虱等措施。对新引进的鸡群应做好检疫。加强饲养管理，在饲料中补充足量的多种维生素，可增强鸡的抵抗力。采集感染鸡的血液、器官悬液或感染的鸡胚材料，用1%福尔马林或1%石炭酸在50℃下处理30分钟，制成灭活菌苗，肌内或皮下注射接种，能产生良好的持久免疫力。

（七）治疗

对病鸡应用各种抗生素药物治疗，均有疗效。据报道，用硫酸链霉素肌内注射，4月龄以内的鸡用量为30～50毫克，成年鸡用量为100毫克，每天2次，经2～4天治疗可痊愈。

六、鸡球虫病

鸡球虫病（avian coccidiosis）是由艾美耳球虫属的单细胞寄生性原虫引起的一种危害十分严重的寄生虫病。以雏鸡的高发病率、高致死率、生长受阻、增重缓慢等为特征。

（一）病原学

本病的病原为艾美耳球虫，这是一种单细胞寄生性原虫。在我国已发现堆型艾美耳球虫、毒害艾美耳球虫、柔嫩艾美耳球虫、巨型艾美耳球虫、布氏艾美耳球虫、和缓艾美耳球虫、哈氏艾美耳球虫、变位艾美耳球虫和早熟艾美耳球虫等9种。不同种的球虫，在鸡肠道内的寄生部位（主要在小肠、盲肠、直肠）不一样，其致病力也不相同。球虫虫卵对外界环境的抵抗力较强，一般的消毒剂不易破坏，但卵囊对高温和干燥的抵抗力较弱。当相对湿度为21%～33%时，在温度为18～40℃下，柔嫩艾美耳球虫的卵囊经1～5天即可死亡。

（二）流行病学

鸡是9种艾美耳球虫的唯一自然宿主，各种年龄和品种的鸡均可感染，其中以3～6周龄鸡的发病率（达100%）和致死率较高（死亡率达80%以上）。成年鸡有一定的抵抗力。病鸡是主要传染源，经摄食被病鸡或带虫鸡粪便污染的饲料、饮水、杂物中的球虫卵囊而感染，人及其衣服、用具及某些昆虫（螳螂、甲虫和蝇等）都可成为机械传播者。饲养管理条件不佳，鸡舍潮湿、拥挤，卫生条件恶劣时，最易发病。春夏季节发病较多，尤其在潮湿多雨、气温较高的梅雨季节最易暴发球虫病。

（三）临床症状

球虫病主要发生于20～45日龄的雏鸡。病雏表现为精神沉郁、羽毛松乱、头颈蜷缩、食欲减退、嗉囊内充满液体。鸡冠和可视黏膜贫血、苍白，逐渐消瘦，运动失调，下痢，粪便呈棕红色或为白色面糊状，泄殖腔周围羽毛被这样的粪便所玷污。如不及时采取措施，致死率达50%以上。若为多种球虫混合感染，则粪便中带血液，并含有大量脱落的肠黏膜。病愈雏鸡生长受阻、增重缓慢；成年鸡多为带虫者，仅表现增重缓慢和产蛋能力降低。

（四）病理变化

病理剖检变化主要在肠道，肠病变的严重程度和部位与球虫的种类有关。柔嫩艾美耳球虫（也称盲肠球虫）主要侵害盲肠，表现为盲肠肿大3～5倍，出血，盲肠内凝血并充满干酪状物；或盲肠萎缩，盲肠上皮增厚，糜烂。

其余8种球虫主要侵害小肠（故也称小肠球虫），整个十二指肠及小肠前段呈现出血性病变及灰白色坏死病灶，肠黏膜有点状小病灶或小结节，甚至溃疡；有时可见肠壁水肿和增厚，肠黏膜表面有血性渗出物。肠内容物常呈白色糊状，这是由于球虫损害了肠黏膜与腺体的分泌机能，白色糊状物是未消化的饲料，有时肠黏膜出血而使肠腔出现淡红色胶冻状内容物。粪检见球虫卵囊。

（五）诊断

根据病史、流行病学特征、症状、病理变化，特别是血性下痢及肠道的特异性病变，可初步诊断。有条件者可取粪便或肠黏膜刮取物进行显微镜检查（检查球虫卵囊）进行诊断。

（六）综合防控

加强饲养管理，强化生物安全措施，改善鸡舍卫生条件，注意通风良好，保持鸡舍及垫料干燥，保持饲料、饮水清洁。笼具、料槽、水槽可定期采用沸水、热蒸气或3%～5%热碱水，或20%石灰水、30%草木灰水、百毒杀消毒液（按说明用量兑水）等消毒处理，或采用对球虫有效的其他消毒液消毒鸡舍及周围环境，一般每周1次。定期清除粪便，并进行堆放发酵处理，以杀灭球虫卵囊。于饲料中添加0.25～0.5毫克/千克硒可增强鸡对球虫的抵抗力。也可在饲料中添加药物进行预防，常用的有尼卡巴嗪、莫能霉素和球痢灵等。

由于药物治疗和预防易产生耐药性，而研制新药的周期较长，且成本较高，同时也存在抗球虫药在肉蛋产品中残留的情况，影响人体健康和禽蛋产品出口，因此，预防和控制球虫病最安全、最有效的措施是采用球虫疫苗免疫鸡群。目前有进口和国产球虫疫苗可供选用。有的疫苗产品具有广谱效应，可有效预防多种球虫所致的感染，降低免疫雏鸡的发病率与死亡率，增加日增重，提高饲料转化率和生产性能。

目前治疗常用的药物有：聚醚类离子载体抗生素（如盐霉素、莫能霉素、马杜拉霉素等）、尼卡巴嗪、硫胺类、磺胺类、常山酮、氨丙啉、氯羟吡啶、氯苯胍、鸡宝20、敌球快灵、球痢灵等。为了保持抗球虫药的效能和推迟球虫耐药性的产生，实际用药时可采取轮换用药（连续使用一种药物数月后改用另一种药物，如盐霉素与常山酮轮换用药）、穿梭用药（如雏鸡阶段使用一种药物，育肥期则更换另一种药物），以及联合用药等用药方案。在使用抗球虫药时，补充维生素K以阻止肠道出血，血便消失后停用；给予3～7倍推荐量的维生素A可加速病鸡的康复。

第六章　鸡群常见的营养代谢病

一、维生素缺乏症

（一）维生素A缺乏症

维生素A缺乏症引起动物分泌上皮角质化和角膜、结膜、气管、食管黏膜角质化，以及夜盲症、干眼病、生长停滞等。维生素A性质不稳定，易失活，在饲料加工工艺条件不当时，损失很大。饲料存放时间过长、饲料发霉、烈日暴晒等会造成维生素A和类胡萝卜素损坏。饲料中蛋白质和脂肪不足，致使合成视黄醛结合蛋白质不足，无法正常运送维生素A，脂肪不足会影响维生素A类物质在肠中的溶解和吸收。胃肠道吸收障碍、发生腹泻或肝胆疾病也会影响动物对饲料中维生素A的吸收、利用及储藏。

1. 临床症状

雏鸡和初开产的鸡常易发生维生素A缺乏症。1周龄的鸡发病，则与母鸡缺乏维生素A有关。其症状特点为：厌食，生长停滞，消瘦，昏睡，衰弱，羽毛松乱，运动失调，瘫痪，不能站立；眼睑发炎或粘连，鼻孔和眼睛流出黏性分泌物，角膜混浊不透明，严重者角膜软化或穿孔失明；口黏膜有白色小结节或覆盖一层白色的豆腐渣样的薄膜，但剥离后黏膜完整无出血、溃疡现象；食道黏膜上皮增生和角质化。成年鸡一般呈慢性变化过程，轻度缺乏维生素A，鸡的生长、产蛋、种蛋孵化率及抗病力受到一定影响，往往不易被察觉。病鸡食欲不振、消瘦、精神沉郁、鼻孔和眼睛常有水样液体排出，眼睑常常黏合在一起，严重时可见角膜发生软化和穿

孔，最后失明。病鸡鼻孔流出大量黏稠鼻液，呈现呼吸困难。鸡群呼吸道和消化道黏膜抵抗力降低，易诱发传染病。继发或并发家禽痛风或骨骼发育障碍可导致运动无力、两腿瘫痪，偶有神经症状，运动缺乏灵活性。鸡冠苍白有皱褶，爪、喙色淡。母鸡产蛋量和孵化率降低；公鸡繁殖力下降、精液品质退化；受精率低，胚胎死亡率增高。

2. 病理变化

本病特征性病变是口腔、咽、食管黏膜有白色结节。种蛋常见蛋黄有血斑，鸡胚错位。根据临床症状和病理变化可对本病作出初步诊断。当口腔、咽、食管黏膜有白色结节时须与黏膜型鸡痘病、鸡念珠菌病鉴别。

3. 综合防控

在采食不到青绿饲料的情况下必须保证添加足够的维生素A预混剂，按NRC营养标准推荐的维生素A最低需要量，雏鸡与育成鸡饲料维生素A的含量应为1 500国际单位/千克，种鸡为4 000国际单位/千克。全价饲料中添加合成抗氧化剂，防止维生素A贮存期间氧化损失；防止饲料贮存过久，不要预先将脂溶性维生素A掺入饲料或存放于油脂中；避免将已配好的饲料和原料长期贮存；改善饲料加工调制条件，尽可能缩短必要的加热调制时间。已经发病的鸡只可用添加治疗剂量的饲料治愈，治疗剂量可按正常需要量的3～4倍混料喂，连喂约2周后再恢复正常；或每千克饲料添加维生素A 5 000国际单位，疗程1个月。

（二）维生素D缺乏症

维生素D缺乏可导致商品肉鸡骨骼疾病，种鸡产蛋性能下降、孵化率下降、未出壳雏鸡软骨营养不良等症状。

1. 临床症状

感染本病的2～3周龄肉鸡的喙和爪变得柔软，易弯曲，行走明显吃力，行走不稳，走几步后便蹲伏在跗关节上，以此支撑着身体，同时身体轻微左右晃动，羽毛发育不良。种鸡感染最初的症状是薄壳蛋和软壳蛋的数量明显增加，随后产蛋量明显下降。有的母鸡出现暂时性不能站立，但通常在产下一个软蛋后得以恢复。病情严重时，腿极度无力，母鸡表现为"企鹅蹲坐型"的特征性姿势。病鸡喙、爪变得很软且易弯曲，胸骨通常弯曲，肋骨失去其正常的硬度，并在与胸骨和脊椎骨相接处向内弯曲，使肋骨沿着胸廓面形成一个特征性内弧圈。孵化率明显降低，胚胎死于第18天或第19天。未出壳的雏鸡软骨营养不良的发病率极高，具体表现为上颌骨或下颌骨缩短，以致上下颌骨闭合不正常。除生长停滞外，雏鸡还表现为佝偻病。因矿化不全，病鸡长骨脆性增加，易弯曲。

2. 病理变化

特征性变化局限于甲状腺和骨骼，甲状腺体积变大，骨骼变软，易折断。肋软骨连接处的肋骨内侧面出现十分明显的结节（佝偻病性串珠肋骨），许多肋骨在此部位显示有病理性骨折。慢性维生素D缺乏时，骨骼出现明显变形。脊柱可能在荐骨与尾椎区向下弯曲，胸骨通常表现为侧向弯曲并在近胸中部急剧内陷。这些病变使胸腔体积变小，从而导致重要器官受到挤压。喙变软，易折断。雏鸡最主要内在特征为肋骨与脊柱的连接处呈串珠状，以及肋骨向下向后弯曲。胫骨和股骨的骨骺钙化不全。肉仔鸡常见颈骨软骨发育不良。胚胎皮肤出现极为明显的浆液性大囊泡水肿，皮下结缔组织呈弥漫性肿胀。

3. 综合防控

一次性给雏鸡饲喂15 000国际单位的维生素D_3，对治疗维生素D缺乏症，效果优于在饲料中经常足量添加维生素D。为预防佝偻病而高剂量给药时，应注意大剂量的维生素D是有害的，会导致育成鸡甲状腺萎缩、粗壳蛋的发生率增加等。因此，维生素D的添加量应根据缺乏的程度进行调节，不应向饲料中添加过量的维生素D。

（三）维生素E缺乏症

维生素E是几种生育酚的总称。鸡只体内缺乏维生素E时，可引起小鸡脑软化症，渗出性素质和肌肉萎缩等症，它的缺乏往往和硒缺乏症有密切联系。本病常由以下几种情况引起：饲料中不添加多种维生素，也不喂青绿饲料；饲料缺硒，需要较多的维生素E去补偿，补偿不足则缺乏；饲料中有较多的鱼肝油，没有现配现喂，发生酸败，或青饲料本来就变质，维生素E受到破坏；球虫病及其他慢性肠道疾病，会使维生素吸收、利用率降低，导致维生素E缺乏。

1. 临床症状

成年鸡缺乏维生素E时无明显症状，母鸡基本上照常产蛋，只是公鸡睾丸变小，性欲不强，精液中精子减少甚至无精子；种蛋受精率降低，"弱精蛋"增多而引起早期死胚。如果出现这些现象，可根据饲料情况去分析判断是不是缺乏维生素E，但确诊比较困难。雏鸡维生素E缺乏症主要表现为肌肉营养不良，脑软化和渗出性素质。雏鸡表现为头向下挛缩或向一侧扭转，也有的向后仰，步态不稳，时而向前或向侧面冲击，两腿阵发性痉挛抽搐，不完全麻痹，由于很少采食，最后衰弱死亡。

2. 病理变化

剖检病死鸡，大脑有黄绿色浑浊的坏死区，这些病变也通常涉及大脑中其他部位。当维生素E和硒同时缺乏时易发生渗出性素质，毛细血管的通透性改变，血液成分外渗。病鸡腹部皮下水肿，使两腿向外叉开，水肿部位颜色发育，剪开时流出稍黏稠的蓝绿色液体，剖开体腔，还可见心包积液。维生素E和含硫氨基酸（蛋氨酸、胱氨酸）同时缺乏时，多见于1月龄前后，病雏鸡消瘦衰弱，行走无力，陆续发生死亡。剖检可见骨骼肌，尤其是胸肌和腿肌因为营养不良而苍白贫血，并有灰白色条纹。

3. 综合防控

在临床实践中，由于脑软化、渗出性素质和肌营养不良常交织在一起，若不及时治疗，则可造成急性死亡。可在用维生素E的同时加硒制剂进行治疗。每千克饲料中加维生素E 20国际单位或0.5%植物油，连用14天，或每只雏鸡单独一次口服维生素E 300国际单位，都有治疗作用。防止饲料贮存过长时间，或受到矿物质和不饱和脂肪酸氧化，保证供给鸡只足量的维生素E。

（四）维生素K缺乏症

维生素K是一组萘醌衍生物，天然存在的有维生素K_1、维生素K_2两种形式。

1. 临床症状

本病成年鸡少见，主要见于2～3周龄鸡，雏鸡可因轻微擦伤或创伤而血流不止，血凝时间延长，甚至引起死亡。出血多在胸部、腿部、翅下，甚至腹腔、消化道，但发现最多的为皮下出血。由于出血，雏鸡精神沉郁，发育迟缓，常缩颈、扎堆；鸡冠、肉髯苍白，贫血。一般情况下死亡率不高，维生素K严重缺乏时亦可因过度贫血或肝、肾、脾等内脏器官出血不止而突然死亡。

2. 病理变化

死亡雏鸡发育不良，贫血，两腿、翅下、颈部皮下、胸肌、胃肠黏膜等处均有大小不等的出血点，肝、肾严重贫血并有针尖大小出血点，严重时腹腔、胸腔积满血液且凝固不良。

3. 综合防控

预防本病的发生，主要依靠供给富含维生素K的全价饲料，可选用一些含维生素K丰富的饲料原料，如苜蓿草粉、鱼粉等，并注意在饲料中添加维生素K_3添加剂。在防治球虫及其他疾病需要使用抗生素和磺胺类药物，鸡只患有肝脏消化道疾病造成吸收障碍时，家禽对维生素K的需求量增加，应加大添加剂量。为防止维生素K受破坏而失效，应注意不要长期堆放或在阳光下暴晒饲料。鸡群出现维生素K缺乏症时，每千克饲料中添加维生素K_3 10～20毫克，饲喂一段时间即可使血液凝固恢复正常，之后添加量可改为推荐量。

个别病重鸡可用维生素K₃肌内注射治疗，每只雏鸡注射1毫升/天，连用2天即可恢复。

（五）维生素B₁缺乏症

维生素B₁，又称硫胺素、抗神经炎维生素。维生素B₁缺乏时，不但会影响神经组织生物膜的自我更新，而且会造成胆碱神经纤维功能异常，从而使胃肠运动减弱、消化液分泌减少，骨骼肌运动能力降低。所以，家禽患多发性神经炎时，常伴有消化不良、食欲不振、肌肉收缩缓慢无力等症状。成鸡发生本病较缓慢，多在维生素B₁缺乏3周后出现多发性神经炎。

1. 临床症状及病理变化

雏鸡的维生素B₁缺乏症常突然发生，表现为厌食、贫血、体温下降、腿软无力，有的下痢，继而由于多发性神经炎，腿、翅、颈的伸肌痉挛，病鸡以腿部和尾部着地，仿佛坐在地面，头向右仰，呈特殊的"观星"姿势，有时倒地侧卧，头仍向后仰，严重时衰竭死亡。剖检病死鸡，可见皮肤广泛水肿，母鸡的肾上腺肥大，胃肠壁萎缩，心肌萎缩而右侧常扩张松弛，生殖器官也萎缩，以公鸡的睾丸较为明显。

2. 防控措施

对病鸡可用硫胺素治疗，每千克饲料加10～20毫克，连用1～2周；重病鸡采用肌内注射，雏鸡每次1毫克，成年鸡5毫克，每日1～2次，连续数日。饲料中可适当提高多种维生素和糠麸比例，除少数严重病鸡外，大多经治疗可以康复。

（六）维生素B₂缺乏症

维生素B₂又称核黄素，其功能主要是调节细胞呼吸的各种氧化还原过程，因而与碳水化合物、脂肪及蛋白质的代谢有密切关系。

不同年龄和品种的鸡每千克饲料所需要的维生素B₂添加量为：A. 蛋鸡0～4周龄3.6毫克，15～20周龄1.8毫克，20周龄以后2.2毫克；B. 种鸡产蛋期3.8毫克；C. 肉用仔鸡0～4周龄7.2毫克，4周龄以后2.6毫克。通常在配合饲料中每千克所含维生素在3毫克左右，所以要用多种维生素加以补充，因为维生素B_2遇到光线及碱性物质易于失效，故最好要当天配用。

本病主要见于雏鸡，常由单纯喂谷粒引起。给初生雏鸡单纯喂小米、碎大米，一般在2周龄之后即出现维生素B_2缺乏症。配合饲料中不加多种维生素也能引起本病，但比单纯喂谷粒要轻得多。

1. 临床症状及病理变化

雏鸡维生素B_2缺乏症，通常发生在2～3周龄。病鸡消瘦，羽毛粗乱，绒毛很少，有的腹泻。具有特征性的症状是脚趾向内蜷曲，其中以中趾特别明显，两腿不能站立，用飞节着地，当勉强以飞节行走移动时，常展翅以维持身体平衡，食欲正常，但行走困难，吃不进食物，最后衰弱死亡或被其他鸡踩死。成年鸡缺乏维生素B_2时，产蛋量减少，种蛋入孵后胚胎异常，孵化率降低。剖检病死雏或重病雏可见坐骨神经和臂神经显著肿大变软，胃肠壁很薄，肠内有多量泡沫状内容物，肝脏较大而柔软，含脂肪较多。

2. 防控措施

对病鸡可用小片剂的核黄素（5毫克/片）治疗，每千克饲料4片，连用1～2周，同时适当增加多种维生素用量。这样治疗的作用主要是防止继续出现病鸡，轻病鸡也可治愈，不能站立的重病鸡很少能恢复。成年病鸡治疗1周后，产蛋率回升，种蛋的孵化率基本恢复正常。为了防止本病发生，雏鸡一开食就应当喂配合饲料。如果喂泡软的小米或碎大米，虽然有利于雏鸡学会吃和很快吃饱，但只能维持1～2天，第3天一定要开始喂配合饲料。无论雏鸡、成年鸡，饲料中多种维生素都要用足。

（七）维生素B_3缺乏症

维生素B_3又称泛酸，泛酸对蛋白质、脂肪和碳水化合物的代谢具有广泛的作用，在各种饲料中也广泛存在，一般不会缺乏。雏

鸡、青年鸡和成年鸡要求每千克饲料所含泛酸不少于10毫克，成年商品蛋鸡仅要求2.2毫克。当维生素B_{12}缺乏时，对泛酸的需要量增加1倍以上。玉米含泛酸较少，对于成年商品蛋鸡来说，以玉米为主要成分的配合饲料不至于缺乏泛酸，而对于雏鸡则可能引发本病。

1. 临床症状及病理变化

泛酸又称"抗皮炎因子"，当雏鸡缺乏时，其生长停滞，羽毛粗乱，有时头顶部羽毛脱落，眼皮边缘和口角出现粒状破溃；严重时上下眼皮黏合，然后结痂，趾间和足底表皮剥脱，行走时疼痛。剖检病死鸡，可见口腔内有一种脓样物质，腺胃内有浑浊的灰白色渗出物，肝肿大，呈污黄色，脾稍萎缩。轻度缺乏泛酸只是影响生长，不一定出现上述症状。成年母鸡缺乏泛酸，种蛋入孵后2～3天死胚较多。

2. 防控措施

对发病鸡可根据具体情况在饲料中加一些花生饼、糠麸及苜蓿粉，同时适当增加动物性饲料以补充维生素B_3，必要时可用泛酸钙治疗，每千克饲料加20～30毫克，连用2周左右。

（八）维生素B_6缺乏症

维生素B_6包括吡哆醇、砒哆醛和砒哆胺，三者可以相互转化，作用相同，其功能是保证含硫氨基酸和色氨酸的正常代谢。

1. 临床症状

雏鸡缺乏维生素B_6时，兴奋性增强，时而不能自主地向前奔跑，时而发生痉挛，以胸部着地，两腿离地后乱蹬，拍打翅膀，严重时抽搐死亡。有些病雏还有脱毛、皮炎、毛囊出血等症状。成年鸡缺乏维生素B_6时，表现为食欲减退，产蛋率和蛋的孵化率降低。

2. 防控措施

通常情况下，每千克饲料中含有4毫克维生素B_6即可满足鸡只需要。玉米、豆饼、麦麸等常用饲料中维生素B_6的含量都比鸡的需要量高1倍或更多些，所以一般不会缺乏。

（九）维生素B$_{11}$缺乏症

维生素B$_{11}$又称叶酸、叶精，其作用是促进新细胞的形成和红细胞、白细胞成熟。叶酸在酵母粉及肝粉中非常丰富，在苜蓿粉、棉仁饼、小麦麸和青绿饲料中比较丰富，其他饲料中也都含有一些，但玉米中含量较少。配合饲料中叶酸含量基本可以满足鸡的需要，一般不缺乏，但也不多余，可以通过多种维生素再补充一些比较可靠。

1. 临床症状

雏鸡和青年鸡缺乏叶酸时生长受阻，出现贫血，头颈部麻痹，以喙触地，有色羽毛中羽毛色素不足，出现白羽等现象。叶酸缺乏还会使雏鸡对胆碱的需要量增加，每千克饲料含胆碱2克时仍然不能满足雏鸡需要量，以致引起骨粗短症。成年鸡缺乏叶酸时，其产蛋率和蛋的孵化率均受影响。

2. 防控措施

缺乏叶酸时，可多喂青绿饲料，选用含叶酸的多种维生素，有条件的可添加一些酵母粉、肝粉、鲜肝等来补充，其效果较好。必要时可用叶酸治疗，每千克饲料添加50毫克叶酸。

（十）维生素B$_{12}$缺乏症

维生素B$_{12}$有很多功用，其中最重要的是促进新细胞的形成，促进红细胞的发育和成熟，另外，还有保护胚胎正常发育、促进雏鸡生长和防止胃糜烂的作用。维生素B$_{12}$含钴4.5%，水溶液为玫瑰红色，易被日光和强酸破坏。在水溶性维生素中，唯有维生素B$_{12}$能在鸡体内较多地储存，它主要储存于肝脏中，成年鸡储量充足时可供2～3个月使用之需。

不同的鸡在每千克饲料中所需的维生素B$_{12}$为：雏鸡9微克，青年鸡6微克，产蛋鸡3微克。在生产上，各种鸡的饲料中维生素B$_{12}$

含量都应达到9微克，雏鸡还应再适当多余一些。通常含鱼粉为5%的配合饲料，每千克所含维生素B$_{12}$约5微克，由于各个厂家提供的鱼粉质量差别很大，为了从可靠的角度起见，通常要添加多种维生素来补充。如果配合饲料中鱼粉等动物性成分含量很少，多种维生素用量不足或其质量低劣，再加上笼养或没有垫草平养，就会引起维生素B$_{12}$缺乏症。

1. 临床症状

病鸡没有特征性症状，主要表现为贫血，缺乏旺盛的活力，雏鸡发育不良，成年鸡产蛋减少，蛋小，蛋壳显得陈旧无光泽，种蛋孵化到16～18天死胚较多。剖检病鸡可见肝脏中脂肪增多。

2. 防控措施

对患病鸡只要多喂些动物性饲料，选用优质多种维生素，就能够比较快地使其恢复。必要时在每千克饲料中添加维生素B$_{12}$ 4微克；重病鸡采用肌内注射，成年鸡2微克/次，1次/天，连续3～5日有助于康复。对肉用仔鸡采取厚垫草地面平养，除有防止胸囊肿等许多优点外，也可以有效地防止维生素B$_{12}$缺乏症。

（十一）维生素PP缺乏症

维生素PP又称烟酸或尼克酸，对物质代谢具有重要作用。当饲料中色氨酸缺乏时，对烟酸的需要量就会增多。常用的各种饲料中通常只有玉米的烟酸含量低于鸡的需要量，玉米中色氨酸的含量也很少，如果较单纯地用玉米喂食，就会发生烟酸缺乏症。一般配合饲料中都不缺乏烟酸，同时，烟酸的性质稳定，不易被破坏。

当鸡发生烟酸缺乏时表现为"黑舌病"，舌与口腔有深红色炎症，其他症状还有：采食量减少，生长发育缓慢，羽毛粗乱，脚软无力，有时腿脚和皮肤出现鳞片状皮炎，成年鸡产蛋率和蛋的孵化率降低。在米糠、麦麸、花生饼及优质鱼粉中烟酸含量很丰富，当鸡只发生烟酸缺乏时在饲料中适当添加这些成分即可见效。

（十二）生物素缺乏症

生物素缺乏症是由生物素缺乏引起的以喙、皮肤和脚爪发生炎症及骨骼发育受阻为特征的一种营养代谢性疾病。生物素又称维生素B_7、维生素H，是针状结晶，可溶于水，耐酸、碱和热，在饲料中常和赖氨酸结合。生物素是鸡体内许多羟化酶的辅酶，参与物质代谢过程中的羟化反应，与糖类、能量和蛋白质代谢均有密切关系，是维持鸡正常生长发育，保证被皮系统、神经、肌肉、内分泌及生殖机能正常所必需的物质。天然生物素以游离和结合两种形式存在。动物不能直接利用结合形式的生物素，而必须经肠道生物素降解酶将其分解成游离生物素后，才能利用。生物素在小肠中可以很好地被吸收。生物素广泛存在于所有含蛋白质的饲料中，青绿饲料中含量也很丰富，但玉米、小麦等禾本科籽实中含量很少。

1. 临床症状及病理变化

用大量不新鲜的肉渣喂鸡或者鸡有食鲜蛋癖，就会造成生物素缺乏，如果种鸡缺乏生物素，其种蛋孵化率会大大降低，严重的其种蛋的孵化率可降低到零。病雏鸡生物素缺乏时表现为足底粗糙，龟裂出血，严重时足趾坏死，口角及眼边出现皮炎，眼睑肿胀，上下眼睑常常黏合，这些症状与泛酸缺乏症相似，但泛酸缺乏症的皮炎首先出现在口角、眼睑及腿上，严重时才波及足底。此外，病雏有时还出现较轻的骨粗短症，与缺锰症相似。

当饲料以小麦为主时就会引发该病，只有使用生物素来进行治疗时才有效。发病鸡大多在3～5周龄，病鸡胸颈部麻痹，垂头站立，继而头着地伏下，经过几个小时即死亡，发病死亡率通常不超过6%，其余的鸡增重较慢。剖检病鸡可见肝、肾肿大，呈暗白色，肝中脂肪增多，体内脂肪呈粉红色，肌胃和小肠内有黑色液体滞留。

2. 防控措施

在预防上主要是饲料中应含有充足的生物素。青绿饲料、米

151

糠、豆饼、花生麸、酒糟、糖蜜、酵母、肉骨粉、鱼粉、蛋黄中含有丰富的生物素，平时应注意加以利用。同时，注意饲料的保存，避免在长期贮存中生物素受到破坏。饲料中含有煮熟的蛋白质成分时，可防止本病的发生。在日粮中含有75%以上谷物饼粕时，应注意补充生物素。

对于病鸡，可用生物素进行治疗，饲料添加剂量为每千克饲料0.3毫克，连用数天。对生物素缺乏症，首先要消除病因，同时多喂些青饲料、炒大豆粉、鱼粉，有条件的可适当添加酵母粉，一般情况下病鸡可逐渐恢复。

（十三）胆碱缺乏症

本病是因胆碱缺乏引起的脂肪代谢障碍，临床上以脂肪肝为特征的一种营养代谢性疾病。胆碱也称维生素B_4，具有碱性，不稳定。胆碱是动物代谢的重要物质，是合成乙酰胆碱和磷脂的必需物质，是卵磷脂的组成成分，与脂肪的代谢密切相关。胆碱作为乙酰胆碱的成分与神经传导有关。正常饲料中胆碱的含量充足，尤其是动物性饲料含量更丰富，玉米中含量较少，鸡本身也能合成一部分胆碱。根据本病的临床症状、病理变化特征，结合饲料化验及治疗诊断即可确诊。鸡对胆碱的需要量通常比其他维生素多得多，即使体内能合成一些，但并不能满足其本身的需要，特别是雏鸡，其自身的合成量很少，主要靠饲料供给。在正常情况下鸡只对胆碱的需要量，14周龄以前为1.3克，15～20周龄为0.8克，产蛋期为0.5克；当饲料中蛋氨酸、维生素B_{12}及叶酸含量不足时，对胆碱的需要量增多。

1. 临床症状

雏鸡发生胆碱缺乏时，其生长发育速度缓慢，发生骨粗短症和脱腱症，与缺锰症相似。成年鸡缺乏胆碱会造成脂肪在肝脏中沉积，特别是笼养母鸡，在饲料中玉米过多、蛋氨酸和胆碱不足时，容易发生脂肪肝病。

2. 防控措施

多种维生素中不含胆碱，或只含少量且作用有限。补充胆碱要用氯化胆碱（通常市售商品氯化胆碱含量为50%）。产蛋鸡的配合饲料一般每100千克添加商品氯化胆碱50～60克（即纯氯化胆碱25～30克），常常能够显著提高产蛋率。配合饲料的质量越差，添加氯化胆碱时其效果越明显，原因是与节省蛋氨酸等多种因素有关。

治疗胆碱缺乏症时可用氯化胆碱，剂量是每千克饲料中添加1克，连用10天；或给每只鸡每天喂氯化胆碱0.1～0.2克，连用1～2周，疗效较好。

二、矿物质和微量元素缺乏症

矿物质在鸡的生命活动中起着十分重要的作用。其作用大致有：用作机体组织的生长和修补物质，如骨骼中主要有钙、磷和镁；调节血液、淋巴液的渗透压和酸碱平衡；维持神经肌肉的兴奋性；影响其他养分在体内的溶解度，激活某些酶的活性，增进消化作用等。当鸡缺乏某种必需元素时，可导致动物体内物质代谢障碍，并降低其生产力，甚至死亡，但必需元素过量又能引起机体代谢紊乱。按照各种矿物质在家禽体内的含量不同，矿物质元素被分为常量元素和微量元素。

（一）钙和磷的缺乏症

钙、磷缺乏症是由于钙、磷缺乏或钙磷比例不当所造成的以骨骼形成障碍和产蛋异常为特征的疾病。雏鸡表现为佝偻病，成年鸡表现为骨软症和产软壳蛋、无壳蛋等。钙和磷是鸡体内矿物质中的主要成分。它们除了是骨骼等的重要成分之外，钙对维持神经和肌肉组织的正常功能起重要作用。引起鸡只钙、磷缺乏的主要原因：饲料中相关元素的缺乏或者配比不合理，使鸡只无法利用；日粮中

蛋白质过高或脂肪过多，植酸盐过多以及环境温度过高、运动少；日照不足等管理不当都可能成为致病因素，也可引起鸡只体内胃肠疾病、肝肾疾病，致使鸡只不能从饲料中正常吸收钙、磷。

1. 临床症状及病理变化

早期即可见病鸡喜欢蹲伏，不愿走动，食欲缺乏、异嗜、生长发育迟滞等症状，雏鸡的喙爪变得较易弯曲，肋骨末端呈捻球状小结节，跗关节肿大，蹲伏或跛行，有的拉稀。成年鸡主要是在高产鸡的产蛋高峰期，初期产薄壳蛋、破损率高，产软皮蛋，产蛋量急剧下降，蛋的孵化率也显著降低，后期病鸡骨呈"S"状弯曲。剖检可见病变主要在骨骼、关节，全身各部骨骼都有不同程度的肿胀，骨体容易折断，骨密质变薄，骨髓腔变化；肋骨变形，胸骨呈"S"状弯曲，骨质软；关节面软骨肿胀，有的有较大软骨缺损或纤维样物附着，雏鸡肋骨和肋软骨连接处呈链珠状，成年鸡骨软易碎，肋骨内侧表面有球样突起，也称串球状病变。

2. 防控措施

发生本病时，首先在饲料中加入富含钙、磷的饲料，必要时应补充维生素D，如骨粉、鱼粉、甘油磷酸钙和青饲料等，以调整其钙、磷含量及其比例，加入维生素D_3粉等。有条件的可考虑直接照射日光，每次20～30分钟。

本病以预防为主，首先要保证鸡日粮的钙、磷供应量，其次要调整好钙、磷比例，对舍饲笼养鸡，使之得到充足的阳光照射。一般饲料中钙、磷比例保持在1：1.5～1：2。

（二）锰缺乏症

锰是数种酶的催化剂，鸡对锰的需要量相当高，对缺锰很敏感，以骨短粗或滑膜病变为主要病症。常见的病因：日粮中缺锰，如玉米和大麦中含锰量是很低的；饲料中钙、磷、铁及植酸盐过多，鸡患胃肠疾病等均可影响机体对锰的吸收、利用；重型品种鸡比轻型品种鸡更需要大量的锰。

1. 临床症状

病雏鸡常出现站立困难、跛行、胫跗关节肿大，腿外翻或内收，有时全身颤抖，对刺激敏感性增加，成年鸡产蛋量、孵化率显著下降，鸡胚大多在快要出壳时死亡。病变主要是胫骨短粗或滑腱症。病鸡胫跗关节、股胫关节、肱尺关节肿大，其中以胫跗关节变化最为突出。

病鸡胫骨、跖骨等长骨短粗、关节面增宽；切开胫跗关节及其周围皮肤见胫骨屈曲，跟腱从胫跗关节正后方滑脱。长期不能站立的鸡，胫跗关节因摩擦发生炎症、充血、水肿等变化。鸡胚缺锰时呈软骨营养障碍，即腿翅短粗、球形头、下颌骨不成比例地缩短而成"鹦鹉嘴"等。

2. 防控措施

可在100千克饲料中添加12～24克硫酸锰，或用1∶3 000高锰酸钾溶液作为饮水，每日更换2～3次，连用2日。鸡只日粮中含锰40～60毫克/千克即足够，糠麸为含锰丰富的饲料，每千克米糠中约含锰300毫克，因此调整日粮，检测羽毛锰含量，即可监测和预防本病发生。饲喂低锰日粮小鸡的皮肤和羽毛含锰平均值为1.2毫克/千克，而饲喂高锰日粮小鸡的皮肤和羽毛含锰平均值可达11.4毫克/千克。

（三）硒缺乏症

硒的主要作用是与维生素E协同阻止体内某些代谢产物对细胞膜的氧化作用，保护细胞膜不受损害。硒与维生素E对鸡的功能相似，又有互补作用，如果其中一种缺乏，另一种充足有余，则引起的症状就比较轻；如果两种都缺乏则症状加重。另外，维生素E在生殖机能方面的作用，是硒不能补偿的。一般情况下，每千克饲料含0.1毫克的硒就可以满足鸡的需要，所以，每千克配合饲料应添加亚硒酸钠0.22毫克（相当于0.1毫克硒）。如果饲料本身含硒不足，微量元素添加剂不含硒或含量未达到标准，往往会引发缺硒症，如果同时缺乏维生素E则更容易发病。

1. 临床症状及病理变化

雏鸡轻度缺硒时，其生长发育不良，死亡率比较高。当严重缺硒时，尤其是同时缺乏维生素E的，会发生渗出性素质病，病鸡外周血管渗透性改变，红细胞及其他血液成分大量渗出，翅下、胸腹及腿部皮下水肿，呈蓝绿色，剪开时流出蓝色胶状的液体，无臭味；同时精神萎靡，两腿发软，经数日发展到蹲地不起，最后衰竭死亡。本病与葡萄球菌引起的急性败血症症状有相似之处，区别在于葡萄球菌病引起体温升高，全身症状严重，胸腹水肿部位破溃、污秽的比较多；剖检可见肝脏呈紫红色，有花纹样变化或白色坏死点。最后的区别确诊，最好做实验室诊断，取病鸡肝组织制作触片，从未破溃的水肿部位抽取液体制作涂片，镜检观察有无金黄色葡萄球菌，必要时需要培养鉴定。排除葡萄球菌病是诊断缺硒症的一项重要工作。

2. 防控措施

缺硒的病鸡可用亚硒酸钠与维生素E的混合制剂进行治疗，也可分别使用这两种药品，即每100千克饮水加0.1%亚硒酸钠注射液150毫升，每100千克饲料加维生素E 100万单位，或植物油（如豆油、花生油、菜籽油等）500克，连用5～7天，一般能够控制病情。此后，要选用含硒的优质微量元素添加剂，保证硒的供给。但须注意，如果在饲料中添加过量的硒也会引起中毒。雏鸡和青年鸡饲料中含硒超过500毫克/100千克时，鸡的生长发育受阻，羽毛松乱，神经过敏，性成熟延迟。种鸡饲料含硒超过500毫克/100千克时，则其种蛋入孵后会产生大量畸形胚胎。

（四）锌缺乏症

锌主要分布在内脏器官、羽毛和骨骼中，是多种酶活化所必需的成分，具有广泛的生理作用。

1. 临床症状及病理变化

雏鸡缺锌表现出贫血，生长不良，羽毛欠丰满，末端易磨损，腿脚粗短，关节增大僵硬，步态不稳，皮肤产生鳞屑等症状。成年鸡缺锌比较严重时，羽毛也会缺损，产蛋入孵后，胚胎骨骼不能正常发育，成为畸形胚。每千克饲料通常含纯锌65毫克就可以满足鸡的需要。总的来说，鱼粉、肉骨粉和糠麸含锌较多。配合饲料的含锌量一般可以满足鸡的需要，如果饲料本身含锌不足，微量元素添加剂质量又差，不能补足，就会造成缺锌问题。另外，当饲料中含钙超过正常标准1%~2%时，以及喂给生黄豆粉，都会影响锌的吸收利用，在锌不太丰富时也能引起缺锌症状。

2. 防控措施

防止缺锌主要是通过选用质量可靠的微量元素添加剂，必要时可于每100千克饲料中添加硫酸锌10~20克。但饲料中含锌量过多会影响铁和铜的吸收利用，如锌含量超过28克/100千克，则导致毒性反应，表现为厌食、生长受抑制。

（五）铁缺乏症

铁是造血和形成羽毛色素所必需的物质。鸡缺铁表现为贫血和羽毛褪色。每千克饲料含铁80毫克可以满足各种鸡的需要。含铁最丰富的几种饲料：血粉200~280毫克/千克；骨粉为1 400~2 500毫克/千克；鱼粉为200毫克/千克。植物饲料的含铁量与土壤有关，差别较大，如玉米和小麦为30~100毫克/千克，豆饼为100~200毫克/千克。总的来说，配合饲料的含铁量可以满足鸡的需要，但不是很可靠，应按鸡的实际需要量的三分之一添加硫酸亚铁，即每千克饲料加硫酸亚铁130~200毫克（即含纯铁27~40毫克）。

（六）铜缺乏症

铜的功用主要是作为某些酶的成分对血红蛋白的形成起催化作用。鸡缺铜会导致贫血，羽毛褪色，骨骼变形，动脉血管弹性减退、易于破裂，产蛋减少，种蛋入孵后死胚增多等。缺铜还会使铁在肝脏及其他组织中沉积，不参与造血，由此也会导致贫血。

鸡对铜的需要量很少，每千克饲料约4毫克，常用的各种饲料

原料中除玉米的含铜量为3～4毫克/千克外，其他常用饲料的含铜量都高于鸡的需要量，特别是鱼粉、豆饼含铜量很丰富，一般为30毫克/千克左右，所以一般不会发生缺铜问题。

鸡对铜的耐受性也比较大，当雏鸡饲料含铜量达到350毫克/千克时，才出现毒性反应，在正常饲养中不会发生这种情况。用硫酸铜治疗雏鸡曲霉菌病时就要注意防止中毒的发生。

（七）碘缺乏症

碘是甲状腺素的重要成分，对物质代谢起重要作用。鸡对碘的需要量为每千克饲料0.35毫克。缺碘会发生甲状腺肿大病，成年鸡产蛋量和蛋的孵化率降低，雏鸡和青年鸡生长减慢，骨骼发育不良，羽毛不丰满。海鱼粉和海产贝壳粉含有丰富的碘，沿海地区的土壤和饮水，以及这些地区生产的饲料也含有微量的碘。但为了更可靠些，应当通过微量元素添加剂，向每千克饲料中添加碘化钾0.46毫克（即含纯碘0.35毫克）。如果配制饲料没有用海鱼粉和海产贝壳粉，而是用淡水鱼粉、淡水产的贝壳粉及石粉，微量元素添加剂中碘的含量不足时，则配料所用的食盐应当是碘化食盐，即每100千克食盐加入碘化钾20克，饲料中配入碘化食盐为0.37%。由于碘化钾的稳定性比较差，碘化食盐配好后放置的时间不能太长。

在饲料中添加较多的碘化钾，或喂给大量海藻，能使母鸡产出含碘量很高的鸡蛋，即所谓"高碘蛋"，可用于防治人类碘缺乏症。但饲料中的含碘量如超过300毫克/千克，会使产蛋量减少甚至停止，蛋的孵化率也显著降低。

（八）镁缺乏症

雏鸡缺镁时生长发育缓慢，严重的呈现昏睡状态，偶尔发生痉挛，能够导致死亡。成年鸡缺镁时，其产蛋量减少，出现骨质疏松。通常情况下饲料中的镁都能够满足鸡的需要，没有必要另外添加，与此相反，对镁应随时注意防止过量。钙、磷、镁三者必须按一定的比例，有些地区的石粉含镁量相当高，用这种石粉配制饲料，过剩的镁需要较多的钙与之平衡。而钙的消耗又影响钙、磷比例，结果会引起缺钙症状，所以，最好不用石粉而用贝壳粉。

三、肉鸡腹水综合征

肉鸡腹水综合征又称肉鸡肺动脉高压综合征，是一种由多种致病因子共同作用引起的以右心肥大扩张和腹腔内积聚大量浆液性淡黄色液体为特征，并伴有明显的心、肺、肝等内脏器官病理性损伤的非传染性疾病，是发生于肉用仔鸡的一种常见的非传染性疾病。此病主要发生于20～40日龄快大型肉鸡，特征性表现为腹腔明显的积水，心、肺、肝部受严重损害，发病率虽然不高，但发病后的死亡率接近100%。此病有多种发病因素，除肉鸡本身生理解剖特点外，还有环境因素及中毒后继发感染病原体等原因。

（一）临床症状

1. 肝型腹水症

该型多因中毒引起，直接损伤肝脏，主要表现为肝脏病变。肉眼所见，肝脏肿大、柔软，肝静脉明显扩张；腹水增多，稍黏稠。病理组织学所见，肝小叶中心性淤血和中心变性、坏死；静脉窦内细胞和枯否氏细胞大部分正常。

2. 肺型腹水症

该型多因生长过快、缺氧（海拔高、通风不良）、寒冷及霉菌感染等引起。上述原因首先引起肺病变，继而引起心病变，最后引起肝病变。肉眼所见：肺淤血肿大；心肌柔软，右心室扩张明显；肝脏被膜增多，表面凹凸不平；腹水量明显增多，有时超过300毫升，腹水呈浅黄色，往往见纤维素凝块。病理组织学所见，肺动脉和肺静脉充血，肺小叶内的毛细血管网高度淤血。曲霉菌感染时有炎症变化。高海拔和鸡舍换气不良时易患肺纤维征，三级支气管

管腔纤维化，肺部可见软骨性结节。心外膜呈纤维性增厚，心肌变性、坏死，结缔组织增生，有时心肌断裂。肝脏被膜增厚，中央静脉及门静脉明显扩张，肝细胞变性、坏死。

3. 心型腹水症

多因大肠杆菌、沙门氏菌感染，引起心脏、肝脏及腹膜病变。该型可见纤维素性心包炎、肝周炎及腹膜炎变化，腹腔内有大量腹水。

（二）防控措施

针对不同的发病原因采取相应的预防措施尤为重要。限制给饲，调整饲料成分，阻止过快生长，冬季注意保温，夏季防止高温，不在海拔1 500米以上的地区饲养肉鸡，鸡舍及孵化室注意通风换气，防止缺氧。预防细菌（曲霉菌、大肠杆菌、沙门氏菌）感染。尤其对增重快的肉鸡品种更应注意健康饲养。治疗亦应针对病因采取不同的措施，如为环境因素引起此病应迅速改善饲养环境，若因细菌感染引起此病应选用抗生素类药物治疗。对症治疗可采取清热、解毒、润肺、保肝、利水类中药制剂，对缓解临床症状有较好的效果。

四、痛　风

鸡的痛风是一种蛋白质代谢障碍引起的高尿酸血症，其病理特征为血液中尿酸水平增高，尿酸即以钠盐形式在关节囊、关节软骨、内脏、肾小管及输尿管中沉积。鸡用大量的动物内脏、肉屑、鱼粉、豌豆等富含蛋白质的饲料长期饲喂，饲料含钙或镁过高等易致痛风；日粮中常缺乏维生素A，可发生痛风性肾炎而呈现痛风症状；肾功能不全导致痛风，引起肾功能不全的因素有磺胺药中毒、霉玉米中毒；肾传支、传染性法氏囊病、鸡产蛋下降综合征等传染病，以及雏鸡白痢、鸡球虫病、盲肠肝炎及长期消化紊乱等疾病过程中都可能继发或并发痛风；饲养在潮湿和阴暗的鸡舍，鸡只密集、光照不足、缺乏维生素皆可成为促使本病发生的诱因；新汉普夏鸡有关痛风的遗传因子，也是致病原因之一。

（一）临床症状

1. 内脏型痛风

病鸡起初无明显症状，逐渐表现为精神差、食欲缺乏、消瘦、贫血，鸡冠萎缩苍白，粪便稀薄，肛门松弛，粪便经常不自主地流出。内脏可见肾肿大，颜色变淡。肾小管因蓄积尿酸盐而变粗，使肾表面形成花纹，输尿管明显变粗，严重的有筷子甚至香烟粗，粗细不均，管腔内充满石灰膏样沉积物。心、肝、脾、肠系膜及腹膜等都覆盖一层白色尿酸盐，呈霉变样。

2. 关节型痛风

尿酸盐在腿、足和翅膀的关节腔内沉积，使关节肿胀疼痛，活动困难。关节剖检可见关节内充满白色黏稠液体，有时关节组织发生溃疡、坏死，若关节肿胀，形成结节，切开或破裂会排出灰黄色干酪样尿酸盐结晶。

（二）防控措施

可使用阿托品0.2～0.5克，每天2次，口服。亦可使用别嘌呤醇10～30毫克，每天2次，口服，用药可导致急性痛风发作，给予秋水仙碱50～100毫克，每天3次，能使症状缓解。大型鸡场发病时，治疗不是主要对策，应积极消除病因，改善饲养管理条件，饲料中添加维生素A、维生素D，钙、磷比例要适当，切勿造成高钙条件。

第七章　鸡群常见中毒病及其他疾病

一、黄曲霉毒素中毒

黄曲霉菌和寄生曲霉菌广泛存在于自然界中，在温暖潮湿的条件下，很容易在谷物（特别是玉米）和饼粕（如豆粕）中生长繁殖并产生毒素。鸡群食入被黄曲霉菌或寄生曲霉菌污染的含有毒素的发霉饲料，就会发生中毒。

（一）临床症状及病理变化

该病因家禽种类、品系、年龄和摄入量的不同，可表现急性、亚急性、慢性和致癌性4个类型。雏鸡中毒一般为急性，主要表现为精神萎靡，双腿无力，厌食，不停地鸣叫，体温升高，有的可见啄羽现象；随后出现闭目嗜睡，贫血，部分鸡张口呼吸或摇头；继而皮肤出现淤血、水肿，双爪（或蹼）出现淡蓝色浮肿，双翅下静脉怒张，全身皮下出现点状出血或斑状淤血，排血色稀便。黄曲霉毒素具有高强度的免疫抑制作用，中毒的雏鸡胸腺和法氏囊萎缩，对多种细菌病、病毒病和寄生虫病等易感性增高。鸡急性中毒时，可见肝脏肿大，呈苍白色，有出血斑点；亚急性中毒时，肝脏呈淡黄褐色，有多灶性出血；慢性中毒时肝脏常硬化，肝表面有结节性纤维变性及弥散性的白色小点状病灶，质硬，色泽变黄，有时出现脂肪肝；时间较长者可出现肝癌结节。病鸡心包和腹腔中常有积水，皮下常有胶冻样渗出物，有的中毒鸡的小腿、趾皮下出血。

（二）防控措施

防止饲料霉变是预防该病的关键措施，饲料要在通风、干燥、低温处保存。在温暖多雨季节，可用福尔马林熏蒸法或0.4%过氧乙酸、5%石炭酸喷雾法，或者用防霉剂如霉敌等来抑制饲料中霉菌生长。饲料中加入叠氮化钾、硼酸等可阻止毒素的形成。水合硅铝酸钙钠用作饲料抗黏结剂时，可吸住黄曲霉毒素，从而减弱黄曲霉毒素对家禽的影响，对污染的库房除可用以上消毒剂消毒外，还可用二溴乙烯、溴甲烷熏蒸消毒，也可用20%石灰水或2%次氯酸钠溶液消毒。黄曲霉毒素能耐高温（280～300℃才被损坏），不溶于水，易溶于有机溶剂，可被强碱和强氧化剂破坏，pH超过9的碱性溶液是解除毒素最有效的制剂。如发现鸡中毒时应立即停喂霉变饲料，更新饲料并给予易消化的青绿饲料，轻症病例不给药也可逐渐恢复；对重症病例可投服盐类泻剂，如人工盐、硫酸钠等，以及时排出胃肠道内的有毒物质。为防止发生并发症，还可应用抗生素，但忌用磺胺药。

二、赭曲霉毒素中毒

赭曲霉毒素是对家禽毒性最大的霉菌毒素，主要由赭曲霉、硫色曲霉、蜂蜜曲霉、纯绿曲霉等产生，其很容易在饲料中形成。赭曲霉毒素会危害肾，造成因肾肿大，肾小管间质纤维结构和机能异常引起的营养不良性病及肾小管炎症等严重的肾脏病变，也可造成肠炎、淋巴坏疽、免疫抑制，肝肿大，急性变性作用，功能障碍，脂肪变性、透明变性及局部性坏死，长期摄入此毒素也有致癌、致畸和致突变性作用。

（一）临床症状及病理变化

鸡食用含有赭曲霉毒素1～2毫克/千克的饲料（玉米、稻谷、麦类、豆类、花生等）而中毒，主要病变：肾小管损伤和肠道淋巴结坏死，法氏囊萎缩，机体免疫功能下降；种蛋孵化率会降低；中毒鸡群表现为产蛋减少，蛋壳质量下降；病禽表现拒食和死亡，并发生肾病。以上主要是由于毒素的肾毒性所致。剖检可见肝脏和胰脏色淡，肾脏肿胀、苍白，在输尿管、肾脏、心脏、心包、肝脏和脾脏有白色尿酸盐沉积。主要的组织病理学变化为以蛋白质和尿酸盐管型及异嗜性白细胞浸润、小管上皮局灶性坏死为特征的急性肾小管性肾病，肾脏近曲小管萎缩和变性，间质纤维化，有时可见肝细胞质形成空泡和局灶性坏死，骨髓造血功能受抑制，脾脏和法氏囊缺少淋巴细胞。

（二）防控措施

谷物生长期防昆虫叮咬，收割避免机械性损伤，保护谷物完整性。收获时应快收，快脱粒，及时晒干。控制原料成品仓库温度及湿度，加强库内通风，原料不可接触地面，减少存放时间，并进行定期抽检。必要时在原料及成品中加防霉剂，并对原料、成品库进行定期熏蒸消毒。赭曲霉毒素是温暖地区最重要的仓储毒素，麸皮的污染高于整粒谷物。在热带和亚热带地区主要由曲霉菌产生，而温暖地区则由青霉菌产生。最主要的防霉措施是：原料及饲料在贮存时一定要注意其中的水分和环境中温度、湿度的控制，已经霉变的要及时清理；同时可以使用防霉剂，如丙酸及其盐类、苯甲酸和苯甲酸钠、甲酸和甲酸钠、甲酸钙及大蒜素等，这些防霉剂具有破坏或阻断病原微生物的作用，又不会阻碍消化道中正常有益菌群和酶的活动，有的还能改善饲料的口味和提高饲料的适口性；当然，最好的办法还是通过采取各种措施防止真菌生长。目前尚无特效疗法，因此，鸡群出现赭曲霉毒素中毒症状应立即停喂发霉饲料，给予优质易消化饲料，根据症状给予支持疗法和对症处理，注意加大饲料中蛋白质、复合维生素等的含量并用抗生素类药物来减轻病鸡腹水、水肿、出血、肾肿、拉稀及精神萎靡等症状。

三、马杜拉霉素中毒

马杜拉霉素常用于防治鸡球虫病，但是在用药过程中药物用量过大会造成该药中毒。目前广大养殖场（户）均有用药量偏大的倾向，稍有不慎很易发生马杜拉霉素中毒。如果饲料生产厂家已在料中添加了该药，但却未在标签或包装袋上注明，导致养殖场在饲料中又重复添加该药，就会造成用药量过大，发生中毒。另外，养殖场或饲料厂家配料时不细心，用量计算错误，也是造成中毒的一个重要原因。或者，对药物的有效成分了解不清，将几种含本品的商品药物联合使用，也会导致用药量过大，发生中毒。

（一）临床症状及病理变化

鸡群饮水量与采食量均减少，拉绿色稀粪，消瘦，脚爪皮肤干燥、呈暗红色，两腿无力，行走困难。若停药及时一般无死亡。急性中毒病例主要表现为饮食明显减少或废绝，两腿无力或瘫痪，可造成不同程度的死亡。剖检发现慢性中毒病例主要为胸肌、腿肌出血；肝肾稍肿，呈暗红色；小肠充血。急性中毒病例主要为肝肾肿大、淤血，呈褐色。病鸡小肠黏膜呈弥漫性出血，而肌肉出血现象不明显。

（二）防控措施

马杜拉霉素引起的中毒症状与高氟磷酸钙盐引起的家禽氟中毒症状极为相似，应注意区别诊断。如果发病离群鸡只伴有呼吸道症状，则应注意与亚临床型的新城疫加以区别。马杜拉霉素对家禽球虫病虽有很好的防治作用，但安全范围小，使用时一定要严格按

规定应用。对中毒家禽应立即更换饲料，给予5%葡萄糖水及一些含钾、钠离子的电解质，并添加0.01%~0.02%维生素C，可减少腿疾的发生。对不能站立、走动的禽只，可腹腔或皮下注射葡萄糖生理盐水5~10毫升/只，同时肌内注射维生素C 50毫克/只，每天1~2次，可收到一定的效果。

四、鸡 啄 癖

鸡啄癖亦称异食癖，是多种营养物质缺乏及鸡只代谢障碍所致的非常复杂的味觉异常综合征。其临床症状为自食或相互啄食羽毛、趾爪、肛门等而造成伤害。该病多见于各种生理阶段的鸡，亦可见于火鸡、鸭、鸥鹊和鸽群。在鸡群一旦发生，诸鸡效法，很快蔓延到全群，因而损失很大。

（一）发病病因

鸡啄癖的表现形式有啄羽、啄肛、啄蛋、啄趾爪等，鸡啄癖病因多样，即使是同一啄食内容，其病因也不尽相同。

1. 营养因素

日粮里营养成分不全、不足或比例失调，如蛋白质和氨基酸缺乏，可导致鸡啄癖。以产蛋鸡为例，以产蛋率70%计，每天需蛋白质不少于18.5克。一般认为产蛋鸡日粮蛋白质低于15%、中鸡低于14%、雏鸡低于19%，或产蛋鸡的日粮中氨基酸低于0.27%、中鸡低于0.25%、雏鸡低于0.3%时均易诱发啄癖。其次，日粮中只有植物性蛋白，或者蛋氨酸的数量已足，但忽略了各种氨基酸的平衡也易发生啄癖。此外，矿物质、微量元素缺乏、维生素缺乏及粗纤维过低等对啄癖的发生也有一定作用。

2. 管理不当

鸡群会因为鸡舍内湿度过高、密度过大、通风不畅、光照过强等因素变得烦躁、不舒适，从而出现自啄或互相啄食羽毛等现象。

除此之外，不合理的饲养也会导致鸡只身体不适，如鸡群大小混养、只喂颗粒饲料或压制饲料、对采食不进行控制、玉米在饲料中分量过多、饲料或饮水器短缺、饲喂不定时定量等。

3. 家禽的特征

禽类具有嗜血性、嗜肉性、好奇性、好斗性，特别是鸡群最为明显，只要有流血事件发生或者出现其他异常现象，鸡群将表现出好斗的特性，群起而攻之。

（二）临床症状

1. 啄肛癖

啄癖中最严重的一类是啄食肛门及肛门以下腹部。因为高产鸡群排出异常巨大的蛋时导致组织脱垂或撕裂，所以经常会形成此怪癖。腹泻的雏禽或由于肛门发痒而自啄的鸡只也会容易形成此病。一旦有肛门被啄破的现象，群鸡会争抢啄之，直到肠脱坠落地，并将其啄死而食之。对死鸡进行剖检后，常常发现其贫血，且两腿后部和肛门周围的尾羽上均沾有血渍。

2. 啄羽癖

产蛋盛期和换羽期是此怪癖的高发期，此怪癖也发生在发育期雏鸡的换羽时期。发病初期表现为个别鸡自食或相互啄食，随后波及全群鸡只，直至将羽毛啄秃、皮肉暴露出来，严重的可发展成啄肉癖。啄羽癖可能是由于缺乏含硫氨基酸和维生素B族而导致的，可以及时在保健沙内添加5%石膏粉或4%硫黄粉加以防治。

3. 啄蛋癖

产蛋盛期是此癖的高发期，发病初期可能因为鸡只踩破软壳蛋，或啄食巢内、地面上的一个破蛋，随后其他鸡只开始争着抢着啄食其他刚产下的蛋，或将自己所产的蛋食下。出现啄蛋癖是因为缺乏蛋白质、钙、磷等元素。

除了上述的异食癖之外，还有啄冠癖、啄头癖、啄趾癖等。

（三）防控措施

啄癖很容易便可诊断出来，但需要具体情况具体分析，再有针对性地采取相应的防治措施。发现有啄癖现象之后，首先要将发起者和受害者隔离开，并配给其全价的饲料，将其缺乏的营养元素补充全。根据不同的啄癖，添加不同的营养物质：如果是啄羽癖，在饲料中增加蛋白质、维生素、含硫氨基酸、石膏等的分量；以食蛋壳为主的食蛋癖，则需要增加钙和维生素D的分量；以食蛋清为主的食蛋癖，则需要增加蛋白质的分量。雏鸡要根据日龄的不同进行分群饲养，不同品种和用途的鸡对密度、光线、湿度、温度的要求标准都不相同，分类饲养时各种标准都要符合，如果日龄差异较大，容易导致禽群的烦躁和不安。除此之外，舍内要确保通风顺畅、空气新鲜；及时断喙和修喙；开灯要定时，饲喂要定时定量，饮水要确保足量，且清洁无污染；增加砂砾土的喂补量，使消化率得到提高。

附录一　鸡场常用兽药简表

药物名称	用途	使用方法、用量	配伍禁忌/联合用药	注意事项
青霉素	抗菌药物	肌内注射：5万～10万单位/千克体重	与四环素等酸性药物及磺胺类药物有配伍禁忌	
氨苄青霉素（氨苄西林）	抗菌药物	拌料：0.02%～0.05%。肌内注射：25～40毫克/千克体重		
阿莫西林（羟氨苄青霉素）	抗菌药物	饮水或拌料：0.02%～0.05%		
头孢曲松钠	抗菌药物	肌内注射：50～100毫克/千克体重	与林可霉素有配伍禁忌	
头孢氨苄	抗菌药物	口服：35～50毫克/千克体重		
头孢唑啉钠	抗菌药物	肌内注射：50～100毫克/千克体重		
头孢噻呋	抗菌药物	肌内注射：0.1毫克/只，用于1日龄雏鸡		
红霉素	抗菌药物	饮水：0.005%～0.02%。拌料：0.01%～0.03%	不能与莫能菌素、盐霉素等抗球虫药物合用	
罗红霉素	抗菌药物	饮水：0.005%～0.02%。拌料：0.01%～0.03%	与红霉素存在交叉耐药性	
泰乐菌素	抗菌药物	饮水：0.005%～0.01%。拌料：0.01%～0.02%。肌内注射：30毫克/千克体重	不能与聚醚类抗生素合用；注射用药反应大，注射部位坏死，精神沉郁及采食量下降1～2天	
替米考星	抗菌药物	饮水：0.01%～0.02%		蛋鸡禁用
螺旋霉素	抗菌药物	饮水：0.02%～0.05%。肌内注射：25～50毫克/千克体重		
北里霉素（吉它霉素）	抗菌药物	饮水：0.02%～0.05%。拌料：0.05%～0.1%。肌内注射：30～50毫克/千克体重		蛋鸡产蛋期禁用

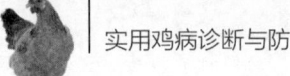

续表

药物名称	用途	使用方法、用量	配伍禁忌/联合用药	注意事项
林可霉素	抗菌药物	饮水：0.02%～0.03%。 肌内注射：20～50毫克/千克体重	最好与其他抗菌药物联用以减缓耐药性产生，与多黏菌素、卡那霉素、新生霉素、青霉素、链霉素、复合维生素等药物有配伍禁忌	
泰妙灵（支原净）	抗菌药物	饮水：0.012 5%～0.025%	不能与莫能菌素、盐霉素、甲基盐霉素等聚醚类抗生素合用	
杆菌肽	抗菌药物	拌料：0.004%。 口服：100～200单位/只	对肾脏有一定的毒副作用	
多黏菌素	抗菌药物	口服：3～8毫克/千克体重。 拌料：0.002%	与氨茶碱、青霉素、头孢菌素、四环素、红霉素、卡那霉素、维生素、碳酸氢钠等有配伍禁忌	
链霉素	抗菌药物	肌内注射：5万单位/千克体重	雏禽和纯种外来禽慎用	
庆大霉素	抗菌药物	饮水：0.01%～0.02%。 肌内注射：5～10毫克/千克体重	与氨苄青霉素、头孢菌素类、红霉素、磺胺嘧啶钠、碳酸氢钠、维生素C等药物有配伍禁忌	注射剂量过大，可引起毒性反应，表现为水泻、消瘦等
卡那霉素	抗菌药物	饮水：0.01%～0.02%。 肌内注射：5～10毫克/千克体重	尽量不与其他药物配伍使用。与氨苄青霉素、头孢曲松钠、磺胺嘧啶钠、氨茶碱、碳酸氢钠、维生素C等有配伍禁忌。注射剂量过大，可引起毒性反应，表现为水泻、消瘦等	
阿米卡星	抗菌药物	饮水：0.005%～0.015%。 拌料：0.01%～0.02%。 肌内注射：5～10毫克/千克体重	与氨苄青霉素、头孢唑啉钠、红霉素、新霉素、维生素C、氨茶碱、盐酸四环素类、地塞米松、环丙沙星等有配伍禁忌	
新霉素	抗菌药物	饮水：0.01%～0.02%。 拌料：0.02%～0.03%		

续表

药物名称	用途	使用方法、用量	配伍禁忌/联合用药	注意事项
壮观霉素	抗菌药物	肌内注射：7.5～10毫克/千克体重。 饮水：0.025%～0.05%		蛋鸡产蛋期禁用
安普霉素	抗菌药物	饮水：0.025%～0.05%		
土霉素	抗菌药物	饮水：0.02%～0.05%。 拌料：0.1%～0.2%	与阿米卡星、氨茶碱、青霉素G、氨苄青霉素、头孢菌素类、新生霉素、红霉素、磺胺嘧啶钠、碳酸氢钠等药物有配伍禁忌。剂量过大对孵化率有不良影响	
多西环素	抗菌药物	饮水：0.01%～0.05%。 拌料：0.02%～0.08%	参照"土霉素"	
四环素	抗菌药物	饮水：0.02%～0.05%。 拌料：0.05%～0.1%	参照"土霉素"	
金霉素	抗菌药物	饮水：0.02%～0.05%。 拌料：0.05%～0.1%	参照"土霉素"	
甲砜霉素	抗菌药物	拌料：0.02%～0.03%。 肌内注射：20～30毫克/千克体重	与庆大霉素、新生霉素、土霉素、四环素、红霉素、林可霉素、泰乐菌素、螺旋霉素等有配伍禁忌	
氟苯尼考	抗菌药物	肌内注射：20～30毫克/千克体重		
氧氟沙星	抗菌药物	饮水：0.005%～0.01%。 拌料：0.015%～0.02%。 肌内注射：5～10毫克/千克体重	与氨茶碱、碳酸氢钠有配伍禁忌；与磺胺类药合用，会加重对肾的损伤	
恩诺沙星	抗菌药物	饮水：0.005%～0.01%。 拌料：0.015%～0.02%。 肌内注射：5～10毫克/千克体重	参照"氧氟沙星"	
环丙沙星	抗菌药物	饮水：0.01%～0.02%。 拌料：0.02%～0.04%。 肌内注射：10～15毫克/千克体重	参照"氧氟沙星"	

续表

药物名称	用途	使用方法、用量	配伍禁忌/联合用药	注意事项
达氟沙星	抗菌药物	饮水：0.005%~0.01%。 拌料：0.015%~0.02%。 肌内注射：5~10毫克/千克体重	参照"氧氟沙星"	
沙拉沙星	抗菌药物	饮水：0.005%~0.01%。 拌料：0.015%~0.02%。 肌内注射：5~10毫克/千克体重		
诺氟沙星（氟哌酸）	抗菌药物	饮水：0.01%~0.05%。 拌料：0.03%~0.05%	参照"氧氟沙星"	
磺胺嘧啶	抗菌药物、抗球虫药物、抗卡氏白细胞虫药物	饮水：0.1%~0.2%。拌料：0.2%。 肌内注射：40毫克/千克体重	不能与拉沙菌素、莫能菌素、盐霉素配伍。产蛋鸡慎用。本品最好与碳酸氢钠同时使用	
磺胺二甲基嘧啶	抗菌药物、抗球虫药物、抗卡氏白细胞虫药物	饮水：0.1%~0.2%。 拌料：0.2%。 肌内注射：40毫克/千克体重		
磺胺甲基异口恶唑（新诺明）	抗菌药物、抗球虫药物、抗卡氏白细胞虫药物	饮水：0.03%~0.05%。 拌料：0.05%。 肌内注射：30~50毫克/千克体重	参照"磺胺嘧啶"	
磺胺喹口恶啉	抗菌药物、抗球虫药物、抗卡氏白细胞虫药物	饮水：0.02%~0.05%。 拌料：0.05%	参照"磺胺嘧啶"	
二甲氧苄氨嘧啶（敌菌净）	抗菌药物、抗球虫药物、抗卡氏白细胞虫药物	饮水：0.01%； 拌料：0.02%	由于易形成耐药性，因此不宜单独使用。常与磺胺类药物或抗生素按1:5比例使用，可提高抗菌甚至杀菌作用。不能与拉沙霉素、莫能菌素、盐霉素等抗球虫药物配伍；最好与碳酸氢钠同时使用	产蛋鸡慎用

续表

药物名称	用途	使用方法、用量	配伍禁忌/联合用药	注意事项
三甲氧苄氨嘧啶	抗菌药物、抗球虫药物、抗卡氏白细胞虫药物	饮水：0.01%；拌料：0.02%	由于易形成耐药性，因此不宜单独使用。常与磺胺类药物或抗生素按1∶5比例使用，可提高抗菌甚至杀菌作用。与拉沙菌素、莫能菌素、盐霉素等抗球虫药物有配伍禁忌。本品不能与青霉素、维生素B_1、维生素B_6、维生素C联合使用	产蛋鸡慎用
痢菌净（乙酰甲喹）	抗菌药物	拌料：0.005%		毒性大，务必拌匀；连用不能超过3天
吗啉胍（病毒灵）	抗病毒药物	饮水或拌料：0.01%～0.02%		活病毒疫苗接种前后7天内不得使用
利巴韦林（病毒唑）	抗病毒药物	饮水或拌料：0.005%～0.01%		活病毒疫苗接种前后7天内不得使用
金刚烷胺	抗流感药物	饮水或拌料：0.005%～0.01%		剂量过大会引起神经症状
制霉菌素	抗真菌药物	治疗曲霉菌病：1万～2万单位/千克体重		
莫能菌素	抗球虫药物	拌料：0.009 5%～0.012 5%		能使饲料适口性变差以及引起啄毛。产蛋鸡禁用，肉鸡在宰前3天停药
盐霉素（球虫粉）	抗球虫药物	拌料：0.006%～0.007%		产蛋鸡禁用
拉沙菌素	抗球虫药物	拌料：0.009 5%～0.012 5%		产蛋鸡禁用，肉鸡在宰前5天停药
马杜霉素	抗球虫药物	拌料：0.000 5%		拌料不匀或剂量过大引起鸡瘫痪。肉鸡宰前5天停药。产蛋鸡禁用

续表

药物名称	用途	使用方法、用量	配伍禁忌/联合用药	注意事项
氨丙啉	抗球虫药物	饮水或拌料：0.012 5%～0.025%		因能妨碍维生素B_1吸收，因此使用时应注意维生素B_1的补充。过量使用会引起轻度免疫抑制。肉鸡应在宰前10天停药
尼卡巴嗪	抗球虫药物	拌料：0.012 5%		会造成生长抑制，蛋壳变为浅色，受精率下降，因此产蛋鸡禁用；肉鸡应在宰前4天停药
二硝托胺	抗球虫药物	拌料：0.012 5%～0.025%	球痢灵与0.005%洛克沙生联用有增效作用	
氯苯胍	抗球虫药物	拌料：0.003%～0.004%		可引起肉鸡的肉质和蛋鸡的蛋有异味，所以产蛋鸡一般不宜使用，肉鸡应在宰前7天停药
氯羟吡啶	抗球虫药物	拌料：0.012 5%～0.025%		产蛋鸡和鸭禁用。肉鸡和火鸡在宰前5天停药
地克珠利（球必清）	抗球虫药物	拌料或饮水：0.000 1%		产蛋鸡禁用。肉鸡在宰前7～10天停药
妥曲珠利（百球清）	抗球虫药物	拌料或饮水：0.002 5%		产蛋鸡禁用。肉鸡在宰前7～10天停药
二甲硝咪唑（地美硝唑）	抗滴虫药物、抗菌药物	拌料：0.02%		蛋鸡禁用
甲硝唑（灭滴灵）	抗滴虫药物、抗菌药物	饮水：0.01%～0.05%。拌料：0.05%		剂量过大会引起神经症状
左旋咪唑	驱线虫药物	口服：24毫克/千克体重		
丙硫苯咪唑（阿苯达唑）	驱消化道蠕虫药物	口服。鸡：30毫克/千克体重。鹅：40毫克/千克体重。鸭：25毫克/千克体重		
阿维菌素	驱线虫、节肢动物药物	拌料：0.3毫克/千克体重。皮下注射：0.2毫克/千克体重		

续表

药物名称	用途	使用方法、用量	配伍禁忌/联合用药	注意事项
伊维菌素	驱线虫、节肢动物药物	拌料：0.3毫克/千克体重。 皮下注射：0.2毫克/千克体重		
阿托品	有机磷中毒解救药物	肌内注射：0.1～0.2毫克/千克体重		剂量过大会引起中毒
维生素K₃	维生素添加剂，球虫病辅助治疗药物	拌料：0.000 3%～0.000 5%。 肌内注射：0.5～2毫克/千克体重		长期应用对肾有一定的损害
碳酸氢钠	磺胺药中毒解救药物及减轻酸中毒	饮水：0.1%。 拌料：0.1%～0.2%		炎热天气慎用，因会加重呼吸性碱中毒。剂量大时会引起肾肿大
氯化铵	祛痰药物	饮水：0.05%		
硫酸铜	抗曲霉菌药物，抗毛滴虫药物，醒抱药物	曲霉菌治疗：0.05%，饮水。毛滴虫病治疗：0.05%，饮水。醒抱：20毫克/千克体重。2%浓度以上口服对消化道有剧烈刺激作用。鸡口服中毒剂量为1克/千克体重		硫酸铜对金属有腐蚀作用，必须用瓷器或木器盛装
碘化钾	抗曲霉菌药物，抗毛滴虫药物	饮水：0.2%～1%		

附录二 鸡场常用消毒剂简表

消毒剂名称	用途	使用方法	注意事项
福尔马林	鸡舍消毒	每立方米空间按甲醛溶液20毫升、高锰酸钾10克、水10毫升；将高锰酸钾加入金属容器中，然后将甲醛慢慢加入其中，混合液自动沸腾从而使甲醛气化	注意消毒后要及时通风，释放鸡舍内的甲醛气体
菌毒敌（又名复合酚）	喷雾消毒用于饲养场地鸡舍、器具、排泄物、车辆	由34%～49%苯酚和22%～26%醋酸兑成，疫病预防时1：300倍稀释，疫病发生和流行时1：100倍稀释	水温不低于8℃，禁与碱性和其他消毒药物混合使用
戊二醛	熏蒸、喷雾，设备及器械等消毒	熏蒸：每立方米用1.06毫升10%的溶液熏蒸鸡舍。喷洒消毒用2%溶液。浸泡消毒用2%溶液，浸泡15～20分钟	水的pH在7.5～8.5效果最佳；熏蒸消毒时必须保持较高的室温和相对湿度，消毒时间为8～10小时
氢氧化钠	烈性传染病（如新城疫等）污染场地、粪池及污水沟、地面、墙壁等的消毒	2%的浓度用于病毒和一般细菌的消毒，5%的浓度用于炭疽芽孢的消毒，也可用2%氢氧化钠和5%石灰乳混合使用，效果更好	不要和酸性的消毒药物混用，消毒后及时清洗，防止消毒药物腐蚀物品
氢氧化钙（石灰）	主要对墙壁、地面、门前消毒池、鞋底和进场的交通工具进行消毒	应用生石灰配成10%～20%石灰乳涂刷墙壁、地面，门前消毒池可用20%石灰乳浸泡的草垫对鞋底和进场的交通工具消毒	该消毒药物应现配现用，门前的消毒池内消毒液应一天一换
漂白粉（氯石灰）	鸡舍、鸡笼、饲槽、排泄物及饮用水等的消毒	1%～5%消毒液可用于沙门氏菌、炭疽杆菌、大肠杆菌的消毒，10%～20%的混悬液可用于炭疽芽孢的消毒，如用漂白粉精，浓度为漂白粉的1/3	漂白粉精宜现配现用
二氯异氰脲酸钠（抗毒威）	禽舍、器具、种蛋及饮水消毒	0.5%～1%的浓度用于杀灭细菌和病毒，5%～10%的浓度用于杀灭含芽孢的细菌	宜现配现用
二氧化氯	禽舍、器具、种蛋及饮水消毒	0.01%～0.02%的浓度可用于细菌和病毒的消毒，0.025%～0.05%的浓度可用于带芽孢细菌的消毒，0.000 2%的浓度可用于饮水、喷雾、浸泡消毒	使用时应注意水温和水的pH；在25℃以下，温度越高，消毒效果越好

续表

消毒剂名称	用途	使用方法	注意事项
过氧乙酸	鸡舍、饲槽、饲养器具等喷雾消毒	0.5%的浓度用于地面、墙壁的消毒；1%的浓度用于体温计的消毒；用于空气喷雾消毒时，每立方米空间用2%的溶液8毫升即可	过氧乙酸对金属类器具有腐蚀性；遇热和光照易氧化分解，高热则易引起爆炸，故应放置阴凉处保存；使用时宜新鲜配制
百毒杀	鸡舍卫生消毒，饲养用具、设备及皮肤黏膜、洗手消毒和器械消毒等	饮水用0.002 5%～0.005%的浓度，喷雾用0.015%～0.05%的浓度，用时根据消毒液含量调配	皮肤等碰到原液应立即冲洗干净；此外在停药期，饮水免疫前后3天停止饮水消毒
季铵盐	鸡舍卫生消毒，饲养用具、设备及皮肤黏膜、洗手消毒和器械消毒	0.004%～0.066%的浓度用于鸡舍喷雾消毒，0.003 3%～0.005%的浓度用于器具、种蛋消毒，0.002 5%～0.005%的浓度用于带鸡消毒，0.002 55%的浓度用于饮水消毒	避免接触有机物和拮抗物，不能与肥皂或其他阴离子洗涤剂同用，也不能与碘或过氧化物（如高锰酸钾、过氧化氢、磺胺粉等）同用
双季铵盐-戊二醛消毒液	主要用于动物厩舍的日常环境消毒	1：500～1：1 000的浓度用于清洗和喷雾消毒	使用前将动物圈舍清理干净，消毒液碱化后3天内用完；用于具有碳钢或铝设备的畜禽厩舍的日常环境消毒时，则需在消毒完毕1小时后及时清洗残留在碳钢或铝设备上的消毒液